米軍幹部が学ぶ最強の地政学

Geopolitics

北村淳
Jun Kitamura

宝島社

はじめに

世界に数多くある海軍の中でも伝統あるイギリス海軍と、過去半世紀近くにわたって世界最強の地位を維持してきたアメリカ海軍において、戦略を構築する際の国際関係を観察分析する「思考の枠組み」が、本書の地政学すなわち海洋地政学である。

現在の日本は陸上国境線を全く有さない完全な島嶼《とうしょ》国である。そのためしばしば日本は海洋国家と呼ばれている。しかし、本書で用いる海洋地政学の考え方からすれば、周囲を海に囲まれた島嶼国で、海上交易により国民経済が維持されている貿易立国であるからといって、直ちに海洋国家とみなすわけにはいかない。

ここで、本書の立場を明確にするために、海洋地政学による海洋国家の定義を記しておこう。

海洋国家とは、以下の三要件を満たしている国家であり、とりわけ第一と第二の要件は完全に満足されていなければならない。そして、海上交易力と海洋軍事力の内容と規模の状況によって海洋国家としての強弱が決定されるのである。

（一）国民経済の発展と安定を「**海上交易力**」に大幅に依存している。
（二）国防システムが「**海洋軍事力**」に重点を置いて構築されている。
（三）海上交易力や海洋軍事力のための「**国際海洋法秩序**」を必要としている。

ただし、これらの要件とりわけ海上交易力と海洋軍事力は、いずれも海洋にアクセスすることができなければ手にすることができない。したがって、海岸線を持たず港湾や軍港を設置できない国々は海洋国家たり得ないことになる。

これらの諸要件のうち、海洋国家にとって最も重要なのは国防システムの要件であるが、日本の国防システムは海洋軍事力に重点が置かれているわけではない。そのため、日本を真の海洋国家とみなすわけにはいかない、というのが本書の立場である。

本書の海洋地政学では、軍事力を規定するのは国防戦略であり、その国防戦略はそれぞれの国家や民族が独自に有する「国防思想における伝統的気質」に大きく左右されていると考えている。

そのため、本書第一部ではそれらの理論的要素を簡潔に紹介し、第二部ではイギリスやアメリカを海洋国家たらしめる原動力となった伝統的気質と、日本を真の海洋国家にさせることを阻む伝統的気質について、戦史を中心に検討を加えた。

なお、戦史や戦例を様々な角度から分析することにより教訓を引き出し、それを将来の戦闘や戦争そして戦略構築などに役立てるということが、英米海軍（海軍だけではなく海兵隊、陸軍、空軍でも同様であるが）において戦史研究が重視されている理由である。

本書で取り上げた戦例の中には、トリポリ戦争やウラヂヴォストーク艦隊による通商破壊戦のように、日本ではあまり取り上げられることがない事例が含まれている。とりわけウラヂヴォストーク艦隊に関しては、日本自身が大損害を被ったにもかかわらずあえて日本人の記憶からは消し去られてしまっている。しかし、英米海軍などはその事例を後の戦争に役立て、第二次世界大戦においては大日本帝国海軍を壊滅させる一助にしている、といった特異な事例である。

本書で、英米海軍が国際情勢分析に用いている「思考の枠組み」を紹介することによって、日本が真の海洋国家へと生まれ変わるための、考察の手がかりが提供できれば幸いである。

第一部　理論編

第二部　歴史編

二－二　アメリカ海軍の原点は「航行の自由」にある……157

装丁／妹尾善史(landfish)
本文デザイン&ＤＴＰ／株式会社ユニオンワークス

第一部

理論編

01

地政学

ニュースなどで国際情勢や貿易問題などが取り上げられる際に「地政学的に考えると……」「地政学的リスクが……」といった具合に地政学という言葉を耳にすることが少なくない。しかし、「地政的に……」と「学」を除いた表現は耳にしない。

一方、「政治学的に……」「経済学的に……」といった表現はあまり用いられず「政治的に……」「経済的に……」という言い回しが普通に用いられている。

地政学という単語の源語はドイツ語であるが、それを日本語に直訳する際に地理学の「地」と政治学の「政」を組み合わせて作った造語が「地政学」だ。一般的には、諸国家の地理的環境（それを研究するのが地理学）が国際関係（それを研究するのが政治学、より厳密には国際政治学）に及ぼす影響を分析する学問であるといわれている。

1－1　地政学とは「思考の枠組み」

地政学には「学」が付されているため学問すなわち社会科学の一分野というイメージを持たれやすい。しかし、政治学や社会学や経済学などの社会科学（データ+方法論+理論=科学）と比べると、未だに学問としては発達途上段階にある。そのため、国家機関における政策立案や民間企業でのリスクマネージメントに対して「科学的に見える理由付け」を与える「考え方の一つ」と認識すべきであろう。

すなわち地政学とは、それぞれの国家の地形的特徴や地理的位置といった地理的条件をもとにして、他国との関係とりわけ外交と軍事を両輪とする国際政治関係のあり方を考察し行動方針を決定する「思考の枠組み」である。だから、いまだに様々な「思考の枠組み」としての「地政学」が乱立しているのだ。

本書における「地政学」とは、「海洋を利用あるいは支配するという視点を基本に据えて国際情勢を分析し国防外交方針を策定するための思考の枠組み」ということになる。したがって「地政学」というよりは「海洋地政学」と呼称した方が適当かもしれない。

海洋地政学と呼びうる「思考の枠組み」は、イギリス海軍がその前身の時代をも含めて永年にわたって蓄積した経験から構築された。その後、二〇世紀初頭からはアメリカ海軍に引き継がれた。

そして、現在もアメリカ海軍やイギリス海軍はもとより、多くの国々の海軍に留まらず政府機関や民間企業などでも使われている。それは、国際情勢を分析し、戦略や行動方針などを策定するための基本的な姿勢や重要な視点を提供している。

一―二 伝統的地政学の〝理論〟

本書における地政学（より正確には海洋地政学）とは「思考の枠組み」であると述べたが、伝統的な地政学にはいくつかの「理論」（とみなされている考え方）が存在する。そのような理論やそれを構成する概念が流布しているがために、地政学は社会科学的な雰囲気を醸し出しているのだ。

たとえば、最も有名な地政学的理論の一つに以下のようなものがあり、伝統的な地政学で用いられる主要概念が盛り込まれている。

「ハートランドに位置するランドパワーが、更なる国力増進を目論んでリムランドに膨張して海洋に押し出そうとすると、リムランドの外縁に位置するシーパワーと対立することになり、リムランドにおいて大規模衝突が発生することになる。しかし本来的なランドパワーがシーパワーを兼ね備えることはできないため、結局はランドパワーによる膨張の試みはシーパワーあるいはシーパワー連合に押し戻されてしまうことになる」

〈ハートランド〉

ハートランドというのはユーラシア大陸の中央部の広大な地域を意味する。

〈リムランド〉

リムランドというのはハートランドを包むような形で横たわるユーラシア大陸周縁部を意味する。

〈シーパワー〉

シーパワーというのは、地形的には海に面しており経済活動（海運、貿易、漁業など）

を海洋に大きく依存する国々である。それらの経済活動を維持、発展させつつ国力を増強させるために十分な軍事力を保有する軍事的にも経済的にも強大な国々を意味する。

イギリスとアメリカがその代表であるが、歴史的にはアテナイ、カルタゴ、スペイン、オランダ、そして日本（一時期の大日本帝国）などもシーパワーとされている。そして、そのような大国の地位を獲得するために必要な海軍力や海運力、それらを支える技術力などの海洋能力自体をシーパワーと呼ぶこともある。

〈ランドパワー〉

ランドパワーというのは、主として陸上の交易や交通手段を利用して国力を強大化したロシア帝国、モンゴル帝国（元）、清国、ドイツ帝国、ナチスドイツ、ソビエト連邦、中華人民共和国などユーラシア大陸に存在する（存在した）強大な国々を意味する。

そして、そのような大国になるために必要な陸軍力や陸運力、それらを支える技術力などの陸上能力自体をランドパワーと呼ぶこともある。

上記のような伝統的な地政学的理論が流布しているため、「ランドパワーであるドイツがシーパワーをも兼ね備えようと膨張しようとした。しかし、第一次世界大戦でも第二次世界大戦でもシーパワーであるイギリスやアメリカに敗北した」。

あるいは、「ランドパワーであるソビエト連邦はシーパワーにもなるべく、軍拡に取り組み、シーパワーのアメリカとの冷戦に突入した。しかし、結局ランドパワーとシーパワーの併有は成り立たず、シーパワーのリーダーであるアメリカに敗北した」といった具合に、しばしば歴史の流れが〝地政学的〟に説明されることがある。

それと同様に「ランドパワーである中華人民共和国がシーパワーを兼ね備えて勢力を拡張しようとして覇権主義的海洋進出政策を推し進めているため、シーパワーのアメリカとの対立が激化している。しかし、本来的にはランドパワーである中国がシーパワーとしても並び立つことはできないため、結局はアメリカを中心とするシーパワー連合によって封じ込められてしまうであろう」といった〝地政学的理論〟をもとにした〝科学的予見〟まで語られている。

しかし、それらの伝統的な地政学で語られてきた〝理論〟は、あくまでも地理的諸条件と国際政治行動を結びつけて決定づけてしまう教条主義的原則論に陥りやすい。実際に、ナチスドイツは自らの膨張政策を〝地政学理論〟から導き出された原則によって正当化したという前例もある。

一―一―三 伝統的な地政学

最も原初的な地政学は、地形的特徴や地理的位置関係ならびに気候さらには天然資源分布状況などの地理的諸要因と、それらに直接規定される産業形態（農業、酪農、漁業、鉱業、商業、工業など）や交通手段（陸上輸送、河川運送、沿岸海運、近海海運、遠洋海運など）といった、それぞれの国家にとって所与とみなせる条件が、国力（軍事力、対外政治力、経済力など）、脅威（脅威への対処すなわち防衛戦略）、拡張（外国や国際社会に対して勢力を拡大させる）といった国際政治活動にどのような影響を与えているのかを理論化しようとした。

たとえば、「周囲を海に囲まれた比較的小さな島国で、ヨーロッパ大陸から幅の狭いイギリス海峡で隔てられているといった地理的諸要因を有しているイギリスは、海に囲まれているが故に本来的に沿海・近海での漁業と海運が盛んであった。また小さな国土のため天然資源や市場に限りがあるため、資源獲得や交易範囲を拡大するために遠洋への海運を発達させた。

1-1-1 原初的地政学概念図

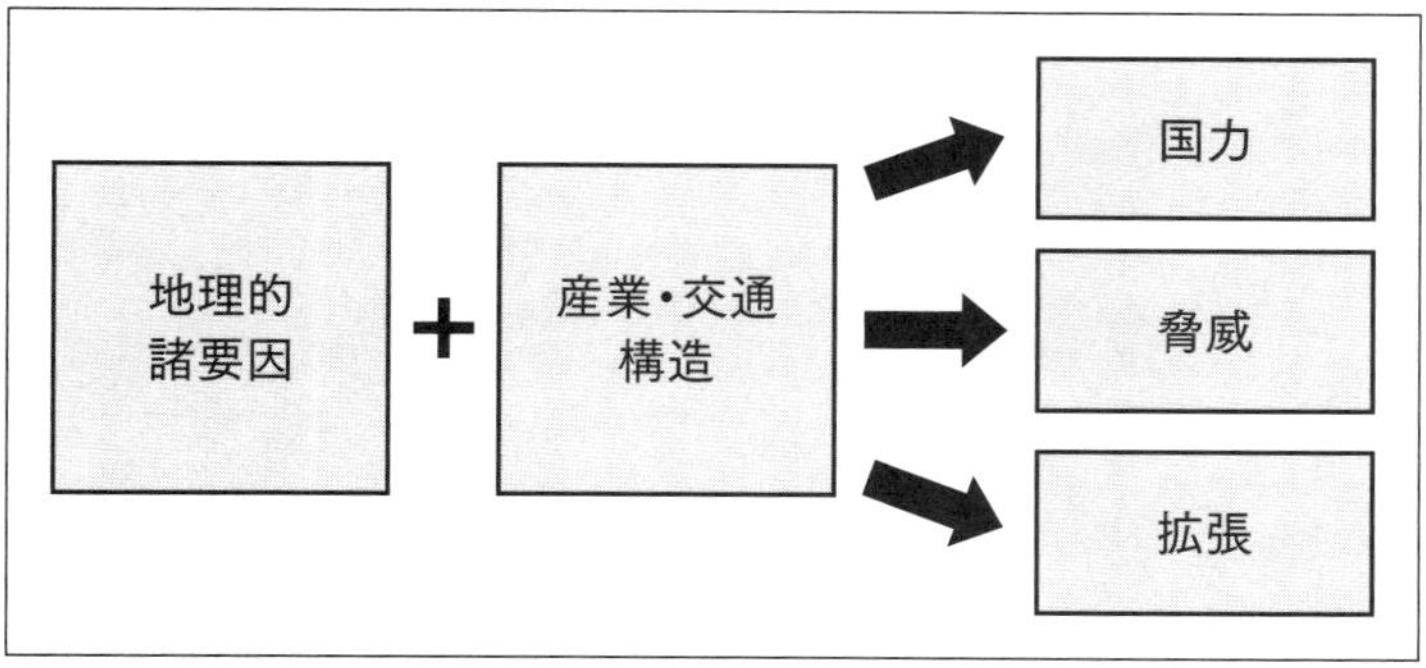

そして、海に囲まれているが故に、外敵の脅威に対しては海軍力に努力を集中させることができた。そのため強力な海軍力と発達した海運力を駆使して、世界中の海を越えて貿易拠点や植民地を獲得し強大な大英帝国となったのである」といった説明がなされたのである。

ただし、単純に地理的諸要因ならびに産業・交通といったそれぞれの国家にとって本来的に与えられている与件的条件と、国際政治活動を単純に直結させてしまうと説明が破綻する場面に遭遇する。

たとえば、上記のイギリスに関してでも、イングランド時代から現代に至るまでイギリスは常に大国（軍事力も経済力もともに強大な国家）であり続けているわけではない。有名なスペイン無敵艦隊（アルマダ）との戦いなどが勃発したエリザベス女王（一世）の時代には、強大なスペインやフランスに比べるとイギリス（イングランド）はまだまだ弱小であった。

一七世紀中頃から一八世紀後期にかけて断続的にオランダと戦った英蘭戦争に勝利した頃から大国としての地位を摑《つか》み始め、ビクトリア女王（一八三七年に即位）時代から第一次世界大戦期までの期間は世界に君臨する超大国（いわゆる大英帝国）となった。第二次世界大戦を通して超大国の地位を失ったものの、現在も大国の一つとみなされている。

このような変遷を通して、植民地や海外拠点といった付加的な地理的条件が変化することは生じたものの、イギリスの本拠地がグレートブリテン島であることは不変であった。しかし、時代の変化と共に海軍や海運で用いる艦船や武器それに航海技術や通信技術などが進展し、それに伴って海外への進出距離は延伸し、移動時間は短縮し、戦闘方法や交易方法も変化した。その結果、イギリスは大国となり、超大国となったのだ。

このような変遷はイギリスに限ったことではない。イギリスと違って陸上交通が交易や軍事の主たる移動手段であったロシアやドイツなどでもそうである。

徒歩や馬が中心の時代から、鉄道が登場し、トラックをはじめとする各種車両などが多用されるようになった。そして、現在は高速鉄道網や高速自動車道路網も整備されるに至っている。そのような技術的進化が、交通手段や産業の形態を変遷させることによって、国力や軍事バランスの変化をもたらしているのである。

ようするに、与件としての様々な条件だけで国際政治活動が規定されているのではない。そのため、地理的諸要因やそれと直結している産業・交通形態というほとんど不変の前提条件に、常に変化し続けている科学技術や工業生産力という変数を加えたうえで、国際政治活動との関係を考察するという方法が、伝統的地政学の基本的姿勢となったのである。

一－一－四　国防思想における伝統的気質

国家に地理的諸要因のため本来的に備わっている与件的諸条件に、科学工業技術の変遷を加味して、それらの諸条件と国際政治活動の関連性を観察し分析することによって〝地政学的理論〟が導き出された。しかし、そうはいっても、一九世紀中頃から二〇世紀にかけてヨーロッパそしてアメリカで発達した伝統的地政学の主たる考察対象は西洋諸国であり、研究や理論形成の担い手は主として西洋人であった。

すなわち伝統的地政学は西洋（スウェーデン、ドイツ）で西洋人（キリスト教徒、白人）によって生み出され、引き続いて西洋（イギリス、アメリカ、ドイツなど）で西洋人によって発展させられ、主として西洋諸国（イギリス、アメリカ、ナチスドイツ、例外的

1-1-2 伝統的地政学概念図

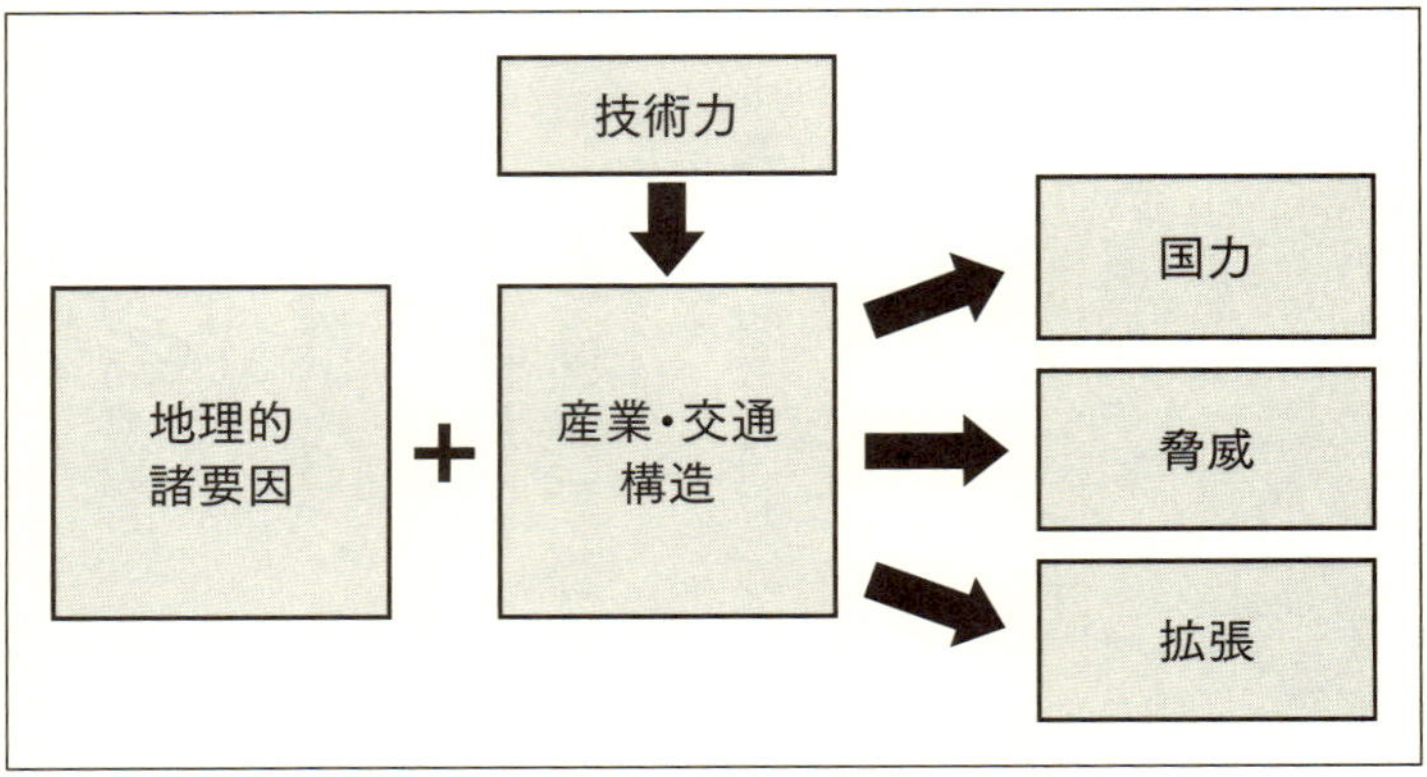

に一時期の日本）で対外政策立案などに用いられてきた。

そのため、西洋諸民族の間にある程度共通して受け継がれてきた国際関係、とりわけ国防思想における伝統的気質とも呼びうる共通要素が、伝統的地政学の考え方に大きな影響を与えていると考えられる。その国防思想における伝統的気質とは、たとえば次のようなものである。

西ローマ帝国滅亡後、ユーラシア大陸の西端に位置する半島部に、古来より多数の国家がひしめき合って興亡を重ねてきたのがヨーロッパである。そのため、他国や異民族に敗北すると国家は消滅し、民族は奴隷にされてしまうという歴史が繰り返されてきた。

基本的に他国・異民族は敵であり、自らの国力（軍事力・経済力・技術力）を高めて、他国や異民族に侵略されないようにする。そして、可能な限り外部勢力をコントロールし、機会があれば自らの領土を拡大し、場合によっては他国を併合してしまう、という弱肉強食の国際関係がごく普通の状態であった。

だからこそ、西洋諸国そして西洋諸民族では、他国や異民族を基本的には敵とみなし、周辺にひしめいている敵から自国や自民族を守るために、自らの軍事力を可能な限り強化しようとした。そして、機会があれば他国の軍事力、経済力、対外的影響力などを弱体化させるための外交を展開した。

さらに、自らの利益になる場合には同盟関係を築き、同盟が邪魔になったら裏切ってでも破棄するといった合従連衡策を、西洋人は国際関係の自然な姿と考えざるを得なかったのだ。結果として、そのような経験が国家的DNAならびに民族的DNAにすり込まれてきたのである。

これに対して、たとえば日本民族は外国・異民族の侵略を受けた経験が極めて乏しい。国家そのものが滅亡する瀬戸際まで追い詰められたのは、第二次世界大戦でアメリカに徹底的に叩きのめされた時だけと言っても過言ではない。

とはいえ、二〇世紀の国際社会では、戦勝国による復讐裁判や憲法の押しつけなどは行われたものの、日本民族が奴隷の地位に転落させられることはなかった。それどころか、

1-1-3 現代的地政学概念図

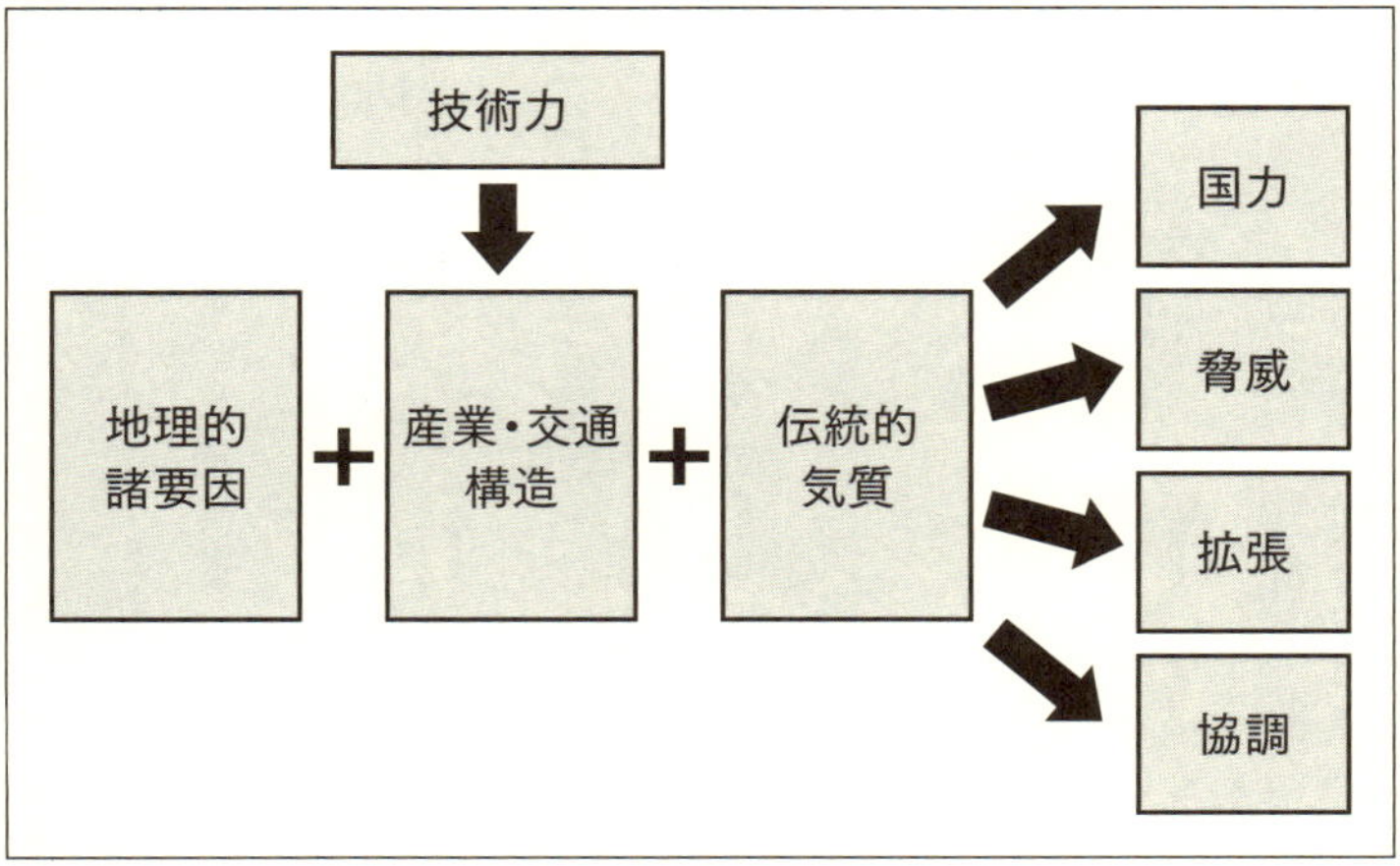

アメリカ自身の国際影響力増進のためとはいえ、戦勝国アメリカは敗戦国日本に対する食糧や物資の支援まで行った。

そのため、日本民族には西洋諸民族のように他民族を基本的には敵とみなす意識が芽生えることはなかった。

一九世紀から二〇世紀前半にかけての伝統的地政学の分析対象が主として西洋諸国家であり、伝統的地政学の担い手も主として西洋人であった。そのため、西洋諸民族の間で共通して受け継がれてきた国防思想における伝統的気質が地政学的分析に影響を及ぼしていても、変数として考察する必要はなく、共通分母として切り捨ててもかまわない存在であった。

しかし、西洋諸国の予想に反して日本が大

国ロシアとの戦争に打ち勝ち、強力な海軍国として西洋中心に築き上げられてきた国際社会に参入してきた。それ以来、地政学的考察が西洋諸国だけに集中できない状況となった。

もちろん、地政学の担い手も西洋人に独占される時代は幕を閉じたのである。そのため、たとえば上記の簡単な例のように西洋諸民族と日本民族の伝統的気質が、好戦的と平和的と異なっているように、国防思想における伝統的気質は変数として地政学的考察に加えなければならなくなったのだ。

それに加えて、第一次世界大戦とそれに引き続く第二次世界大戦を経て国際連合に代表されるように、世界中の諸国家によって構成される国際機関が誕生するようになった。対立や制覇よりも協力や共存の側面が重要になってきた。

そのような国際社会の変化に伴って、さすがに上記のような伝統的気質の覇道主義に立脚してきた西洋諸国においても、国際政治活動の目的に諸国間における「協調」の構築と維持を盛り込まざるを得なくなったのだ。

その結果、現代的地政学すなわち、個々の国家の地理的条件を出発点として、他国との関係とりわけ外交と軍事を主たる両輪とする国際政治関係のあり方を考察し行動方針を決定する「思考の枠組み」の基本的構造は、**〈伝統的地政学概念図〉**から**〈現代的地政学概念図〉**のように変貌したのである。

一-二

海洋国家

本書では、長きにわたってイギリス海軍やイギリス政府が、そして二〇世紀に入るとアメリカ海軍やアメリカ政府が使用してきた「海洋地政学」を扱う。それは、それらの軍や政府が、国際情勢を分析し、国防戦略ならびに外交方針を策定するにあたって多用してきたものである。すなわち、**「海洋を利用あるいは支配するという視点を基本に据えて、国際情勢を分析し国防外交方針を策定するための思考の枠組み」**のことを指す。

「海洋」という限定語句が付されているのは、この「思考の枠組み」を主として海洋で活動するイギリス海軍やアメリカ海軍が用いているからだけではない。イギリスと二〇世紀初頭以降のアメリカがともに**「海洋国家」**であり、そのような「海洋国家」に特化した地政学、あるいは「海洋国家」にとり、極めて有用な地政学であるからだ。

そこで、「海洋国家」とはいかなる国家なのかについて、説明しなければならない。

一－二－一　地形的な国家の分類

現在世界には二〇六の主権国家が存在しており、そのうちの一九三ヶ国は国際連合に正式に加盟している。そして、二ヶ国（バチカン市国、パレスチナ国）が国連総会オブザーバー国となっている。

台湾などの一一ヶ国は、国家主権そのものが係争中（たとえば中国は、台湾は中国の一部の台湾省であると主張している）であったり、主権国家としての要件に疑義が持たれているため、国連には加盟できない状態となっている。

このような二〇〇以上にのぼる国家の国土は、それぞれ様々な地形的特質を有しているのであるが、極めて単純化すると以下のように分類することができる。

【島嶼国】

国土の全部または大半が島嶼上に存在する国家。これは、「完全な島嶼国」と「準島嶼国」に分類できる。

・**完全な島嶼国**

一つの島だけ、あるいは複数の島嶼から領土が形成されており、他国との陸上国境線が存在しない国家。現在、下記の三八ヶ国が完全な島嶼国である。

なお、オーストラリアの国土は全く陸上国境線を有しない巨大な島とその周辺の島嶼から形成されているが、オーストラリアの本土である巨大な島は通常大陸とみなされている（オーストラリア大陸）ため、オーストラリアが島嶼国に分類されることはない。

日本（オホーツク海・日本海・東シナ海・太平洋）
台湾（東シナ海・太平洋・南シナ海）
フィリピン共和国（南シナ海・太平洋）
シンガポール共和国（シンガポール海峡）
ニュージーランド（太平洋）
ナウル共和国（太平洋）
ミクロネシア連邦（太平洋）

マーシャル諸島共和国（太平洋）
フィジー共和国（太平洋）
パラオ共和国（太平洋）
バヌアツ共和国（太平洋）
トンガ王国（太平洋）
ツバル（太平洋）
ソロモン諸島（太平洋）
サモア独立国（太平洋）
キリバス共和国（太平洋）
モルジブ共和国（インド洋）
スリランカ民主社会主義共和国（インド洋）
コモロ連合（インド洋）
バーレーン王国（ペルシア湾）
モーリシャス共和国（インド洋）
マダガスカル共和国（インド洋）
セイシェル共和国（インド洋）

マルタ共和国（地中海）
アイスランド共和国（大西洋）
サントメ・プリンシペ民主共和国（大西洋）
カーボベルデ共和国（大西洋）
アンティグア・バーブーダ（カリブ海）
トリニダード・トバゴ共和国（カリブ海）
ジャマイカ（カリブ海）
バハマ国（カリブ海）
バルバドス（カリブ海）
セントルシア（カリブ海）
セントクリストファー・ネイビス（カリブ海）
セントビンセント・グレナディーン諸島（カリブ海）
グレナダ（カリブ海）
ドミニカ国（カリブ海：ドミニカ共和国とは別の国家）
キューバ共和国（カリブ海：グアンタナモベイ基地をアメリカが領有）

・準島嶼国

一つの島あるいは複数の島嶼から領土が形成されており、領土を形成している島嶼の一部には他国との陸上国境線が存在している国家。

あるいは、大きな島の一部だけを国土としている国家。さらに、領土の主要部分は島嶼にあるが、海を隔てた半島部や大陸などに、他国との陸上国境線を有する領土を保有している国家もこの類型に該当する。

現在、以下の一〇ヶ国が準島嶼国である。

ブルネイ・ダルサラーム国（南シナ海：マレーシアとの陸上国境あり）

インドネシア共和国（インド洋、南シナ海、太平洋：マレーシア、東ティモール、パプアニューギニアとの陸上国境あり）

東ティモール民主共和国（インド洋：インドネシアと陸上国境あり）

パプアニューギニア独立国（太平洋：インドネシアとの陸上国境あり）

キプロス共和国（地中海：北キプロス・トルコ共和国との陸上国境あり）

北キプロス・トルコ共和国（地中海：キプロス共和国との陸上国境あり）

ドミニカ共和国（カリブ海：ハイチ共和国との陸上国境あり）

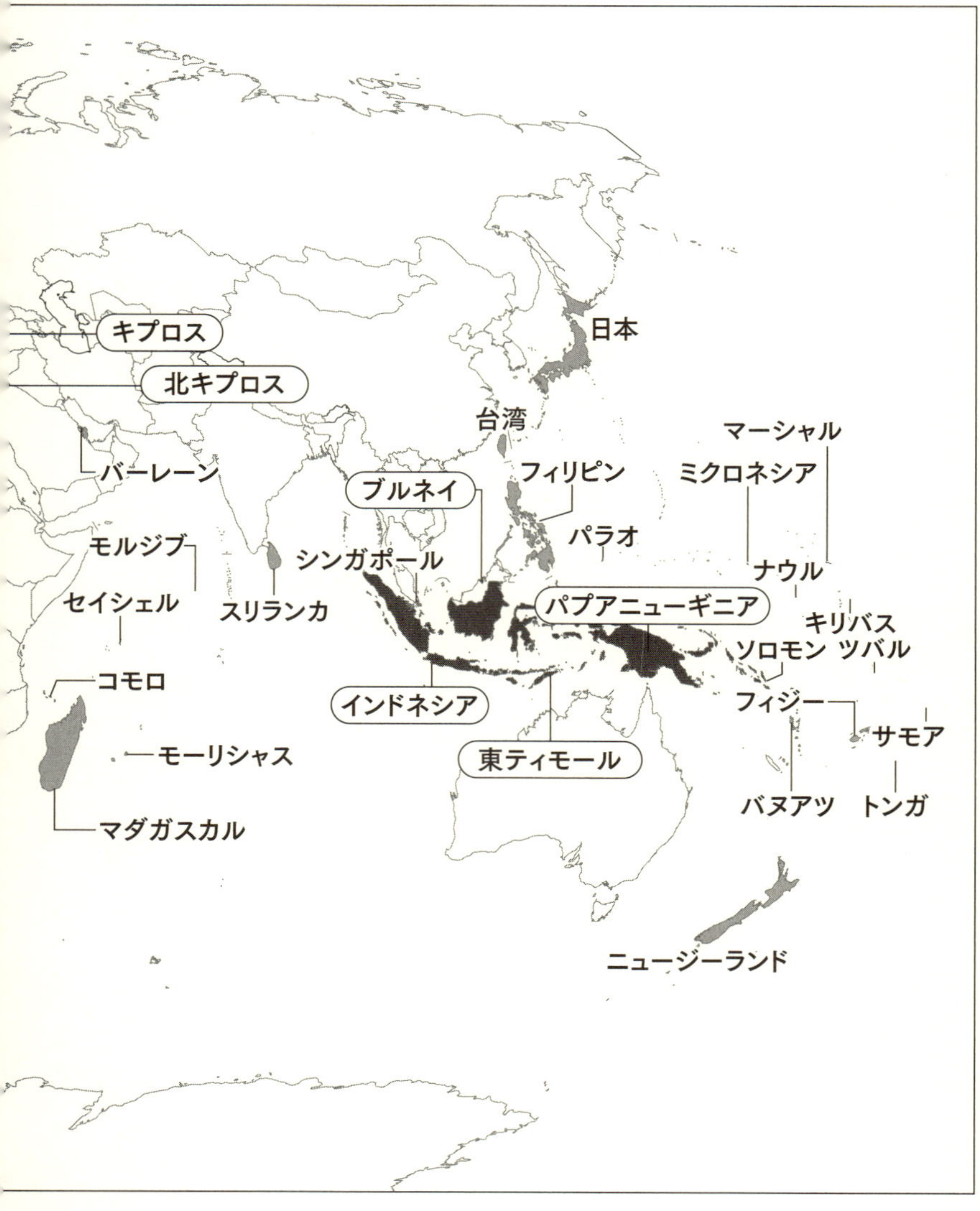
キプロス
北キプロス
日本
台湾
マーシャル
ミクロネシア
バーレーン
ブルネイ
フィリピン
モルジブ
パラオ
シンガポール
ナウル
セイシェル
スリランカ
パプアニューギニア
キリバス
ソロモン
ツバル
コモロ
インドネシア
フィジー
サモア
モーリシャス
東ティモール
バヌアツ
トンガ
マダガスカル
ニュージーランド

1-2-1 島嶼国家の分布

アイスランド
イギリス
アイルランド
マルタ
ドミニカ共和国
バハマ
セントクリストファー・ネイビス
アンティグア・バーブーダ
キューバ
ジャマイカ
ドミニカ国
カーボベルデ
ハイチ
バルバドス
セントルシア
セントビンセント・グレナディーン
グレナダ
トリニダード・トバゴ
サントメ・プリンシペ
国名 は準島嶼国
国名のみは完全な島嶼国

ハイチ共和国（カリブ海：ドミニカ共和国との陸上国境あり）
アイルランド（大西洋：イギリスとの陸上国境あり）
グレートブリテン及び北アイルランド連合王国（北海、大西洋：アイルランドとの陸上国境あり）

【内陸国】

国土の周囲全部が他国との陸上国境線で囲まれており、海岸線を全く有さないモンゴル、ブータン、スイス、オーストリア、チェコ、エチオピア、パラグアイ、アフガニスタンなどの国家。

現在四八ヶ国存在する。


【海岸線も陸上国境線も合わせ有する国】

四八ヶ国の島嶼国と四八ヶ国の内陸国以外の一一〇ヶ国は、陸上国境線も海岸線も共に有する国土を持っている。

通常この種の国家を地形的特徴で分類する特別な呼称はない。

一－二－二　地政学的な国家の分類

地政学的思考において用いられる国家の分類は、地形的な国家の分類と関連しているものの一致しているわけではない。上記の地形的な国家の分類は国土の地形的要因（国境という人為的な地勢も含めて）という条件だけによって決定している。しかし、地政学的な国家の分類は、地形的要因に通商的要因や軍事的要因などを加えて決定される。

すでに取り上げたシーパワーとランドパワーは伝統的地政学における代表的な国家の分類である。だが、シーパワーやランドパワーといった概念を教条主義的に用いると、地形決定論になってしまう。

たとえば、「シーパワーとランドパワーは必ず衝突する」「本来ランドパワーたるべき国はシーパワーにはなり得ない」という〝原則〟がある。これに拘泥してしまうと、一旦シーパワーあるいはランドパワーと定義づけられた国は、そのように定義づけられたがために〝原則〟に基づいて行動すると考えることになってしまう。

その結果、そのような〝原則〟に縛られて思考停止に陥り、「思考の枠組み」としての地政学には適合しない。実際に現代における多くの地政学研究者の間では、シーパワーとランドパワーという分類はすでに時代遅れとなっている。

本書で用いる地政学的に分類した国家の概念は「**海洋国家**」(**maritime nation**)である。海洋国家の概念は、イギリス海軍やイギリス国防省それにアメリカ海軍などで日常的に用いられているものだ。それは、「はじめに」でも書いた以下の三要件を満たしている国家である。

とりわけ第一と第二の要件は完全に満足されていなければならない。そして、海上交易力と海洋軍事力の内容と規模の状況によって海洋国家としての強弱が決定されるのである。

(一) 国民経済の発展と安定を「**海上交易力**」に大幅に依存している。
(二) 国防システムが「**海洋軍事力**」に重点を置いて構築されている。
(三) 海上交易力や海洋軍事力のための「**国際海洋法秩序**」を必要としている。

ただし、これらの要件とりわけ海上交易力と海洋軍事力は、いずれも海洋にアクセスすることができなければ手にすることができない。したがって、海岸線を持たず港湾や軍港を設置できない国々は海洋国家たり得ないことになる。

もっとも、海岸線があっても海上交易や海軍の拠点となる港湾施設を設置できない地形であったり、流氷などに封じ込められてしまうような気象条件の場合は、海洋国家となるのは困難だ。しかし、ただ単に海岸線と良港を保有するからといっても、そのような地理的条件だけでは海洋国家ということにはならない。そして、そのような地理的条件に恵まれているからといっても、必ずしも海洋国家となるべき義務はない。

伝統的地政学におけるシーパワーは海洋国家と類似する概念であるが、シーパワーには軍事的にまたは経済的に、あるいはその双方で強大な国という意味合いが備わっていた。しかし、本書における海洋国家の概念は、あくまでも上記三要件を満たしている国家を意味し、一九世紀のイギリスや現代のアメリカのような強大な海洋国家だけを意味するわけではない。

一－二－三　海上交易力

海洋国家と分類されるための第一の要件は「国民経済の発展と安定を『**海上交易力**』に大幅に依存している」という事実である。

海上交易とは船舶を利用した海上輸送による貿易を意味する。だが、現代においては海上輸送だけでなく、海洋上空を経由する航空輸送をも海上交易に含めるべきである。ただし、海上とその上空すなわち海洋を通過する貿易貨物を重量ベースで比較すると九九％近くが海上輸送、一％が航空輸送となっている（ただし、軽量かつ高価なものが航空輸送に適しているため、金額ベースの場合は七五％対二五％程度である）。したがって本書においては、海洋を経由する全ての貿易活動を海上交易と呼称する。

海上交易力とは、読んで字のごとく海上交易を実施する能力のことであるが、直接海上を利用した商業活動に従事する海運業や航空輸送業だけを指すのではない。現代では、船舶の建造・維持、航空機の製造やメンテナンス、港湾や空港の建設・管理、倉庫や物流施設などの陸上でのロジスティックス、など海上交易に関連する幅広い商業工業サービス活動を包含した能力を指す。

海に囲まれている島嶼国が経済活動を海に頼る度合いが高いことはごく自然な成り行きである。たとえば、日本でも古来より沿岸海域や河川を利用した海運が発達していた。江戸時代から明治時代にかけて、いわゆる豪商と呼ばれた商人の多くが、北前船《きたまえぶね》と呼ばれた西廻海運や北国廻船それに東廻海運などに携わった海運業者やそれらに関連する業者であった。このことからも、日本でも海運が盛んであったことが確認できる。

このような事情は、日本と同じ島嶼国であるイギリスでも同様であった。そして、船舶建造技術や航海術などの発達に伴って、沿岸漁業や北海など沿海域での海運に留まらず、地中海や大西洋、やがてはインド洋を渡り世界各地へ進出していった。そのような遠洋海上交易活動も盛んとなった。このほかにも、琉球国のような島嶼国でも、中国や朝鮮との間だけでなく、遠く東南アジアとの海上交易が非常に盛んであった。

島嶼国以外でも海に面したポルトガル、スペイン、オランダなどは、盛んに海上交易を行った。また中国でも、明の時代には鄭和《ていわ》が数度にわたって大船団を率いてインド洋沿岸諸国への大遠征を行った。しかし、その後の明では鎖国政策に転換したため、ヨーロッパ諸国のような海外進出は行われなかった。

このように、海上交通のほうが陸上交通よりも大量の荷物を運搬できるという事実は、古今東西を通して不変であった。また一度により多くの荷物を運搬したほうが商業的利益が増大するのも商業上の基本原理であった。そのため、海や川を使った交易が発達するのはごく自然の姿であった。

ただし、造船技術や航海技術の発達の違い、それに経済力の差によって、海上交易力の範囲には大きな差異が生ずることになる。いくら地形的定義における島嶼国であっても、あるいは海岸線を有し港湾に恵まれた国家であっても、海洋国家としての要件の一つであ

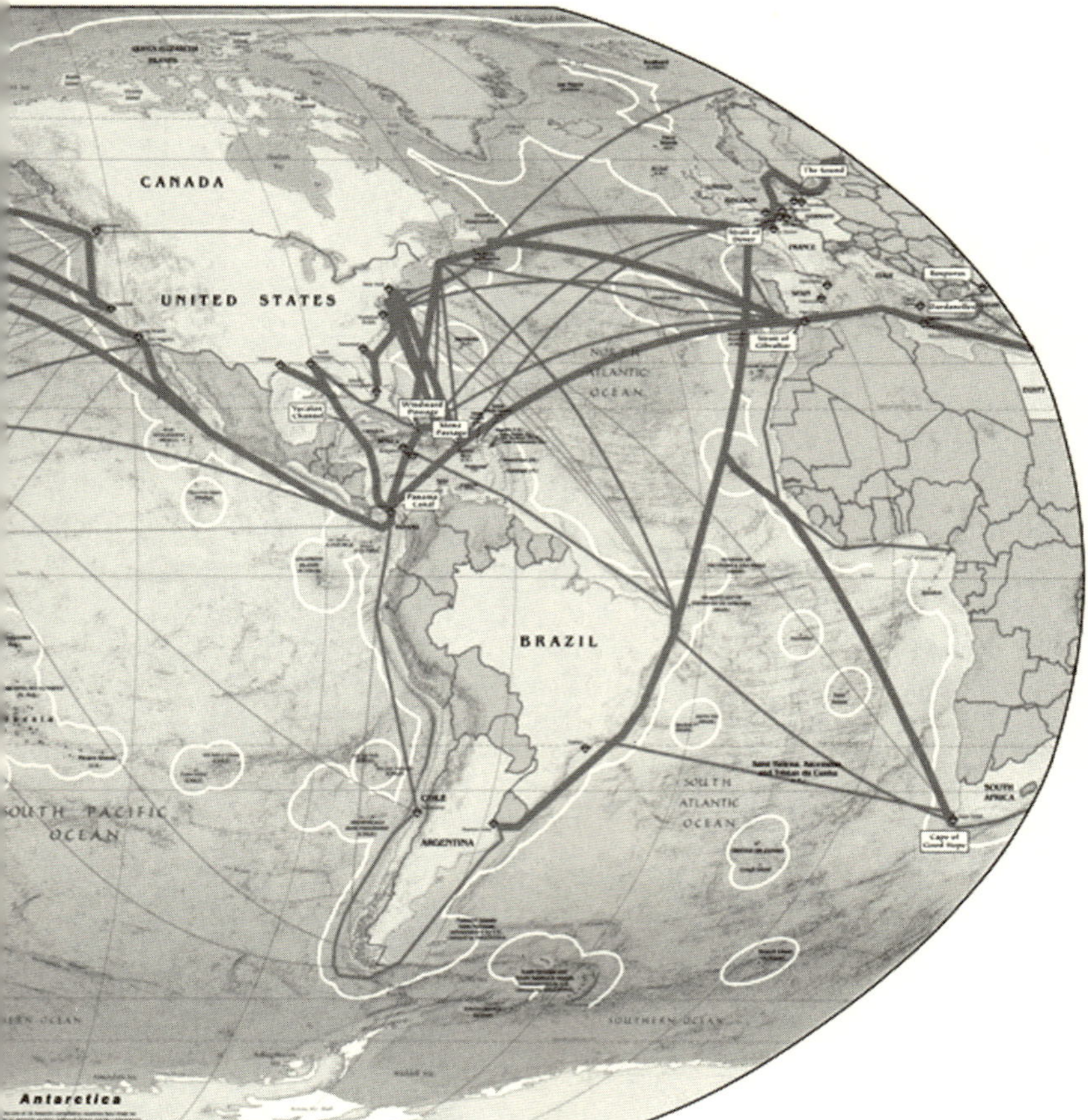
CANADA
UNITED STATES
NORTH ATLANTIC OCEAN
Yucatan Channel
Windward Passage
Mona Passage
Panama Canal
Strait of Dover
Strait of Gibraltar
The Sound
FRANCE
Bosporus
Dardanelles
BRAZIL
CHILE
ARGENTINA
SOUTH ATLANTIC OCEAN
Saint Helena, Ascension, and Tristan da Cunha
SOUTH AFRICA
Cape of Good Hope
PACIFIC
OCEAN
SOUTHERN OCEAN
Antarctica

1−2−2 現代の海上交易ルート

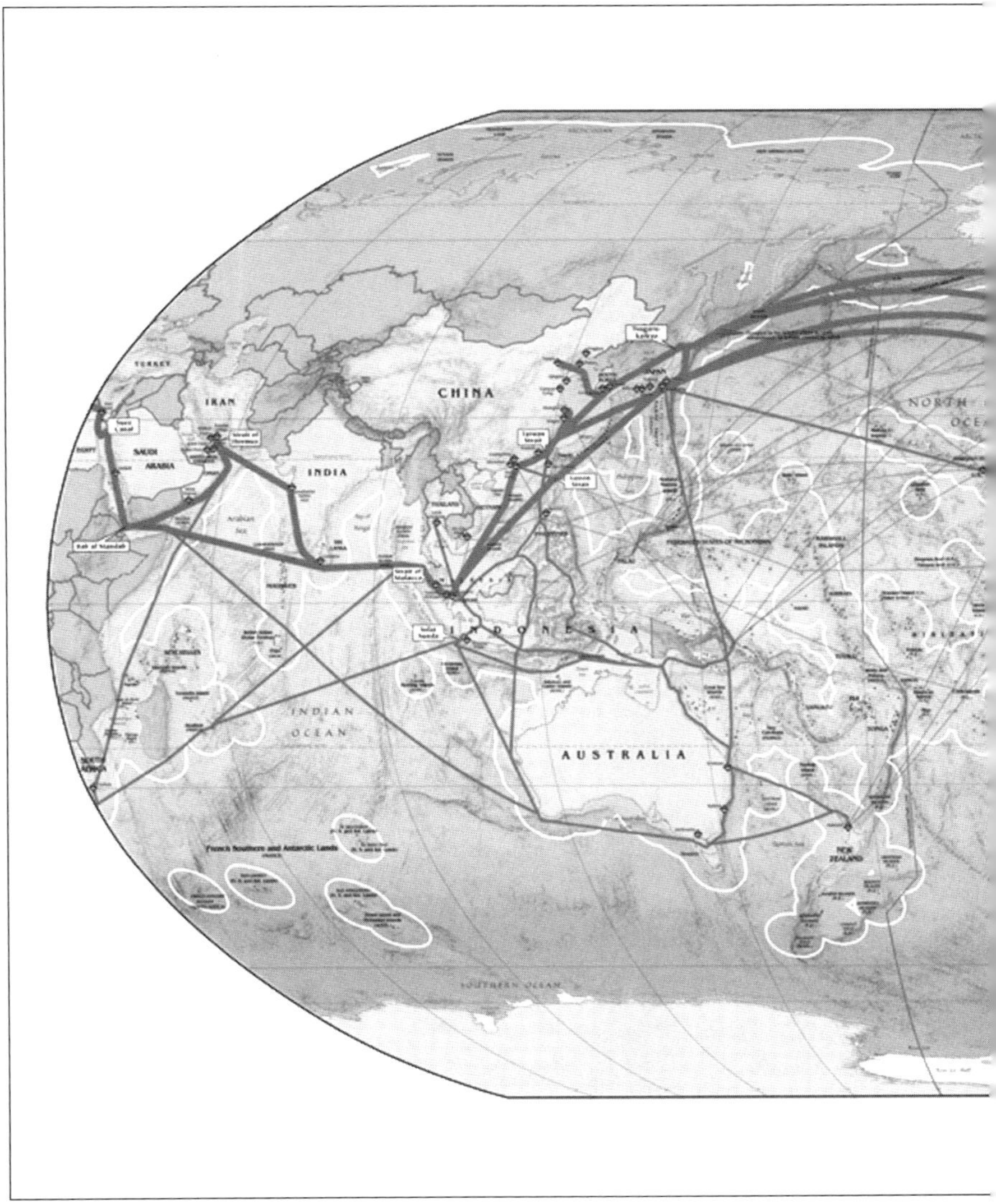

1-2-3 江戸時代の海運ルート

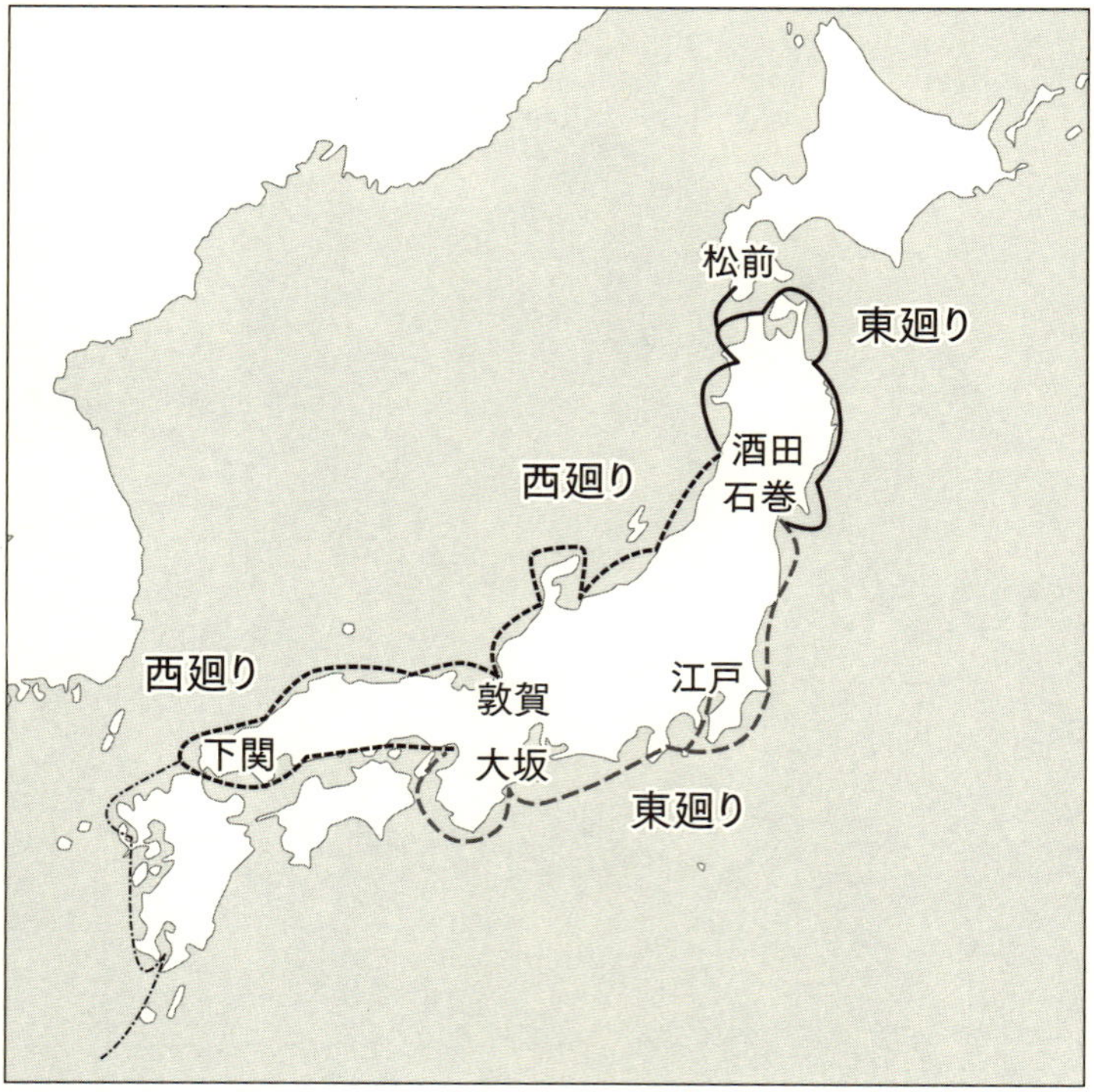

る海上交易が発達するとは限らない。造船技術や航海技術が未熟な段階では、遠洋航海は困難であるからだ。

もう一つ海上交易力に関与する変数がある。スペインやオランダそれにイギリスなどは大型船を利用して世界中で海上交易活動を盛んに行った。しかし明では当時のヨーロッパ諸国以上の造船技術と航海技術を保有していたにもかかわらず、国家の鎖国政策によって海上交易は行われなくなってしまった。

そして、日本（江戸期）の場合も沿岸海域では極めて盛んに海上交通が発達したものの、やはり鎖国政策をとっていたため対外的な海上交易は行われなかった。

このようにたとえ技術的に海上交易が可能であっても、またそのような内在的な意思があったとしても、明朝や江戸幕府のように政策によって海上交易が左右されてしまう場合もある。

一―二―四　海洋軍事力

海洋国家と分類されるための第二の要件は「国防システムが『**海洋軍事力**』に重点を置いて構築されている」という事実である。

自国が行う海上交易の安全を確保する能力を手にしていなければ、海上交易を発展させることはできない。海上交易の安全を確保するといっても、航海技術に関する安全確保のことではなく、それは、海賊や外敵による襲撃や航行妨害から航海の安全を確保することを指す。そのために必要な能力が海洋軍事力である。

海上交易が盛んであるということは、当然ながらその国家は島嶼国でなくとも、少なくとも海岸線を有している必要がある。また、海に面しているだけでなく、良い港と港湾を支えるインフラが整っていなければならない。

そして、そのような良港や海岸線に恵まれているということは、海から接近してくる外敵がそれらの良港を襲撃したり、海岸線に上陸して雪崩れ込んできたりする可能性が極めて高いことを意味する。

そのため、国家の防衛は、海から襲ってくる外敵から国土と海上交易を守り抜くことを主眼に据えなければならなくなる。ところが、ここで海洋国家とそうでない国家の違いが生ずることになる。

自国の港湾や海岸線に侵攻を企てる敵を撃退し自らの海上交易を護るために、海洋軍事力を動員して国防を全うしようとする国々を、海洋地政学では海洋国家と分類する。すなわち、自国の海上交易の保護をも含んだ国防を主として海洋で戦う任務を負い、そのような海洋軍事力を国防システムの根幹とみなしている国家が海洋国家ということになる。

したがって、海上交易に従事し自国海岸の良港にも恵まれていても、国防のための海軍を有しておらず、あるいは海軍を保持していても海側から迫り来る敵を海洋で撃退するという国防思想に恵まれておらず、国防を海洋軍事力にさして依存していない国々は、海洋国家とはみなせないのである。

ようするに、海洋国家としての第一の要件、海上交易力を満たしていても、第二の要件、海洋軍事力を満たしていなければ、海洋国家とはいえない。この意味において、海洋地政学の最大の関心は海洋軍事力ということになる。

もう一つ海洋軍事力が海洋地政学の眼目となる理由がある。上記のように、沿岸域での海運や漁業活動、そして海上交易といった海を利用しての経済活動は、自然に発生し発達してきた人間社会の営みと考えることができる。

しかし、海洋軍事力は何も自然に発生したものではない。他者が従事している海運や漁業活動、それに海上交易を襲って利益を収奪したり、妨害したりして他国に損害を与えるといった、人間や国家による敵対的意思が存在する。ゆえに、自らも自衛や反撃のための海洋軍事力が必要となるのである。

したがって海運や海上交易といった自然発生的な経済活動に関する要件以上に、人間や国家が造り出した海洋軍事力は、海洋地政学にとっての最重要分析テーマということになる。とりわけ、自らが海洋軍事力の中核を担っているイギリス海軍やアメリカ海軍での地政学、すなわち「国際情勢を分析し国防外交方針を策定するための思考の枠組み」が、海洋軍事力の分析に重きを置くのは理の当然といえよう。

かつて、海洋軍事力というのは、海軍に関する軍事力だけであった。しかし、軍事技術の発展に伴って、海軍航空隊や空軍といった航空戦力や海洋から海岸線や内陸に突入する海兵隊や海軍陸戦隊、それに遥か遠方から敵地や敵艦艇や敵航空機を攻撃する長射程ミサイルなど、様々な軍種に関する軍事力を包含するようになった。

また、海軍艦艇や航空機の数やそれらの大きさ、そして装備している武器などの兵器や、それらに乗り込み操作する将兵の数や練度や士気、さらに軍港や航空施設や、兵器の開発製造やメンテナンスなどのロジスティックス、などの目に見える「**戦力**」だけが海洋軍事力を構成しているわけではない。

海洋国家に限らず、いかなる国家の軍事力にとっても戦力以上に重要なのは「**国防戦略**」である。いくら優秀な将兵と高性能兵器を取り揃えて強力な戦力を手にしていても、国防戦略が不適切であったならば、勝利すなわち国防は覚束《おぼつか》ない。

そもそも、各種戦力は国防戦略を実施するための道具であり、国防戦略が戦力を規定する。適切な国防戦略こそが軍事力全体を左右する大黒柱となるのである。そのため、米海軍などで用いられる国際政治関係のあり方を考察し行動方針を決定する「思考の枠組み」としての海洋地政学では、「国防戦略」を最も重視することになる。そのため、しばしば戦略地政学とも呼ばれるのである。

1-2-4 海洋軍事力概念図

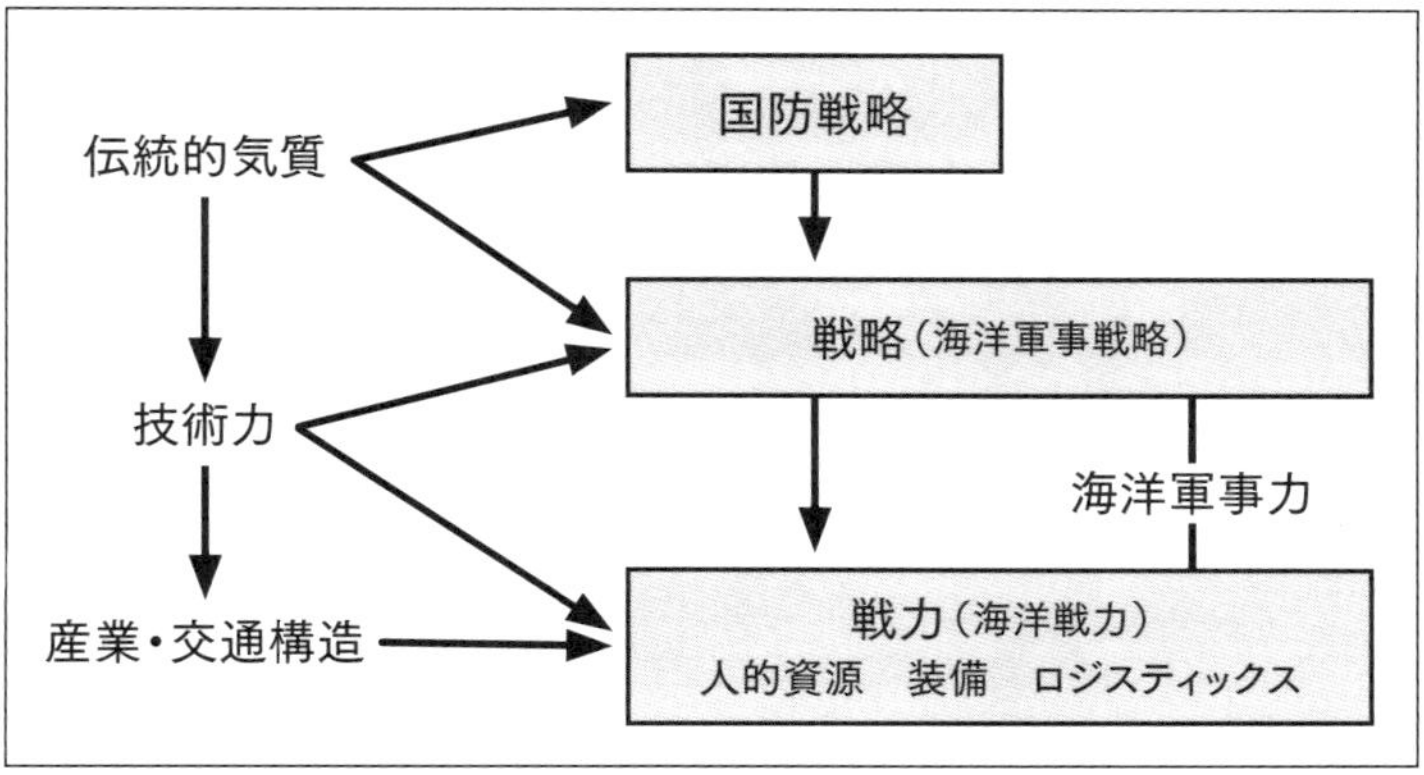

国防戦略は、人間の思考活動によって生み出されるものである。そのため、国防戦略は、現代的地政学の枠組みを構成している「国防思想における伝統的気質」に規定されざるを得ない。

たとえば、日本では、長い歴史を通して浸透している伝統的気質に「外敵が攻め込んできても精強な防衛軍によって撃退する」というものがある。一方、イギリスに浸透している伝統的気質は、「外敵は海軍によって海洋で打ち破る」というものがある。

このような気質は長い歴史を通して形成された、まさに伝統的なものである。そのため、それぞれの国で国防戦略を策定する際に極めて大きな影響を与えることになる。

もちろん国防戦略を生み出すにあたっては、彼《ひ》我《が》の地形的条件、彼我の技術レベルなどを考慮し

1-2-5 海洋国家概念図

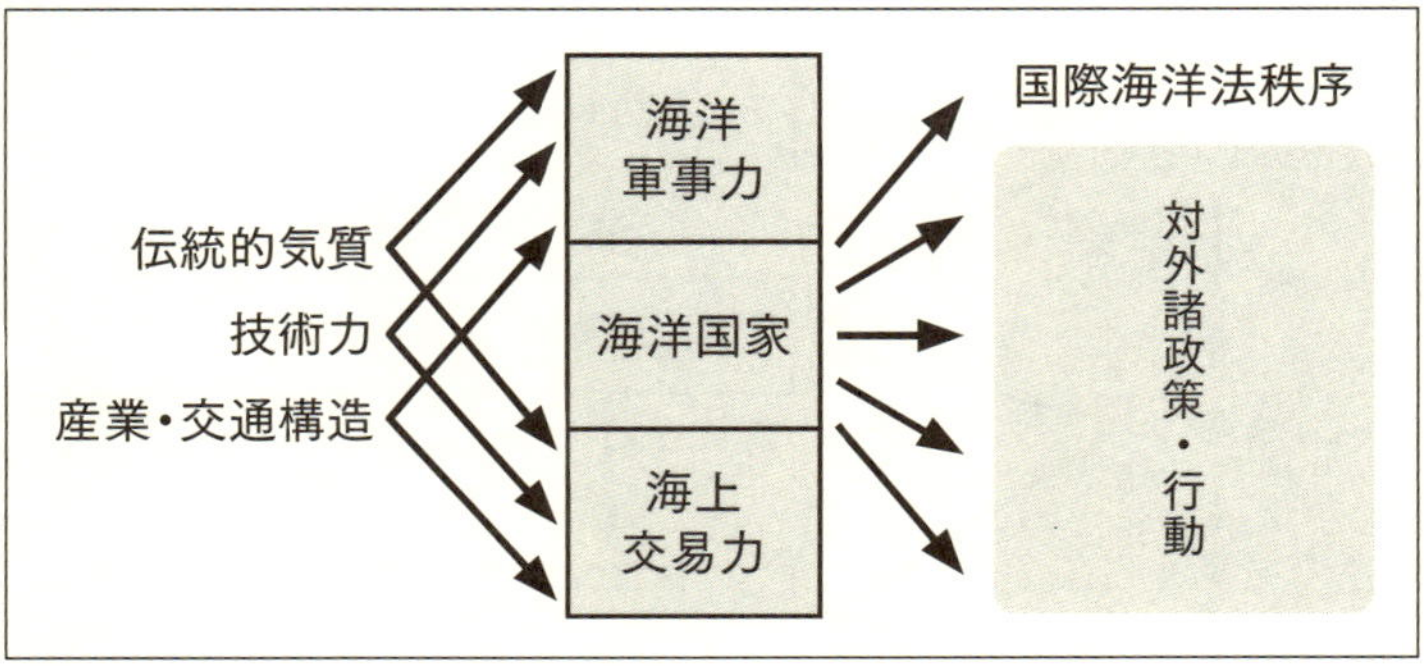

なければならないのは当然である。だが、もっとも根強い影響を受けるのが自らの国防思想における伝統的気質なのである。

ただし、ここでは、海洋軍事力の大黒柱である海洋国家の国防戦略の内容について言及する前に、海洋国家にとって不可欠な三つ目の要件について述べなければならない。

一―二―五 国際海洋法秩序

上記二つの要件はいずれもそれぞれの海洋国家たらんとする国家が自らの責任において構築し維持発展させていく要件である。

もう一つの要件、すなわちスムーズに海上交易や海洋戦力を展開するために必要な「**国際海洋法秩序**」は、自国だけの問題ではなく、他の海洋国家や国際社会への働きかけが不可欠となる。場合によっては軍事力を背景とした押しつけなども実施しなければならない。

したがって「国際海洋法秩序を必要とする」という要件は、〈海洋国家概念図〉に示したように、海洋国家が希求する様々な対外政策の目標の一つとして位置づけられる。

―一―二―五― 自由海論

海洋国家あるいは海洋国家たらんとする多数の国々による海上交易が盛んになると、海洋上での諸国間の競争だけでなくトラブルも生じ始めた。とりわけスペイン、ポルトガル、イギリス（厳密にはイングランドであるが、以下イギリスと称する）、オランダといった諸国によって海洋上での激しい対立が生じ始めた。

対立の都度に自国の主張を押し通すために海軍を繰り出して戦争を繰り返していたのでは、お互いに海上交易の利益によって国益を伸張させるどころの話ではなくなってしまう。

そこで、一七世紀前半、ポルトガルやスペインに海洋軍事力では太刀打ちできなかったオランダで、「海洋はいずれの国の領域にも属さず、海洋は万民（といっても西欧諸国民を意味しているのであるが）にとって自由に使用でき、海洋はどの国の船舶であっても自由に航行することができる」といった内容の主張がされた。主張したのはフーゴー・グロティウスである。彼は「自由海論」で、軍事力ではなく国際秩序の提案という非軍事的方法でオランダの権利を保護しようとした。

オランダは、国際法の父とも呼ばれるようになったグロティウスの「海洋の航行自由原則」を旗印にして、海上交易と遠洋漁業に乗り出した。

一-二-五-二 閉鎖海論

しかし、それは、オランダにとって重要な貿易資源であった魚を巡って、イギリス周辺の漁場でのトラブルを生じさせた。

一方、イギリスは、自国の漁業を保護しオランダ漁船を追い払うために軍艦を投入することも可能であった。だが、そのように軍事的に自国の利益を保護すれば、オランダやスペインなどヨーロッパ大陸沿岸でも、それぞれの国がイギリス船を軍艦や砲台を用いて追い払う状況が生じることは目に見えていた。そのため、オランダの逆手を取ってイギリスも非軍事的にイギリス漁船の独占的利益を確保しようとした。

そこで登場したのが、ジョン・セルデンの「閉鎖海論 Mare Liberum」である。表題に示されているように、グロティウスの「自由海論 Mare Clausum」への反論であった。「海洋を万民が自由に用いれば、海洋から得られる利益は減少してしまうため、物理的に支配しなければならない」といった主張であった。

そして、一六五一年にイギリスは「航海法」を発布して、イギリス周辺海域での航行やイギリスの港への入港をイギリス船だけに限定した。このような考え方は、現在の領海や排他的経済水域と類似している。

一―二―五―三　航行自由原則

だが、その後、オランダとイギリスは理論的対立だけでなく、長年にわたって戦火を交える（英蘭戦争）ことになってしまう。その結果、オランダやスペインを押さえて一歩抜きんでたのは海軍力を強化したイギリスであった。

そしてイギリスは、一九世紀に、世界中の海洋を支配するための膨張行動に踏み出した。

すると、今度は「自由海論」の主張である「航行自由原則」のほうが、勢力拡張を目指すイギリスにとって都合が良くなった。

「閉鎖海論」を出発点とした「航海法」同様に、諸国家がそれぞれの沿海域を自国の領域、すなわち領海であると主張した場合、イギリスはそれを軍事力でもって排除しなければ海上交易を拡大することはできない。したがってイギリスにとって各国の領海の幅は極力短く、領海以外の海洋すなわち公海においては「航行自由原則」が認められた方が、好都合となったのである。

このようにして、今度は「航行自由原則」を振りかざしたイギリスが、「狭い領海」の概念を広げていった。それによって、一九世紀には領海を自国沿岸から三海里と定める国が多くなった。

一方、四海里、六海里、一二海里を主張する国々もあり、国際的に領海幅を統一することは、極めて難しい作業となってしまった。第二次世界大戦後、国連において領海幅を統一する作業が開始されたが、国連加盟各国は三海里から二〇〇海里まで様々な主張をしていた。そのため、領海や公海での権利に関する合意はなされたが、領海幅に関する統一は難航した。

一－二－五－四　国連海洋法条約

結局、その統一がなされたのは、一九八二年の第三次国連海洋法会議からであった。そして、一九九四年、二四年間にもわたって断続的に行われてきた領海幅に関する合意を盛り込んだ三二〇もの条項からなる国連海洋法条約（ＵＮＣＬＯＳ）が採択され、発効した。

この国際条約によって領海の幅は沿岸国の海岸線（技術的には「基線」という基準線を引くことになる）から一二海里に確定した。領海の外側一二海里（すなわち基線から一二海里と二四海里の間の海域）を接続水域、そして基線から二〇〇海里を排他的接続水域とした。公海は、排他的経済水域の外側と規定した。領海や公海の定義と連動して海底も分類され、沿岸国の権利が規定された。

国連海洋法条約は、領海や公海などの定義を明確にしただけでなく、それらの海域での沿岸国の権利、とりわけ航行自由原則がどのように制限されるのかについても規定した。まさに一七世紀の「自由海論」と「閉鎖海論」の対立の調整をなした形となっている。

公海においてはいかなる国家に所属あるいは登録する、いかなる性質の船（タンカーや

1-2-6 領海・公海概念図

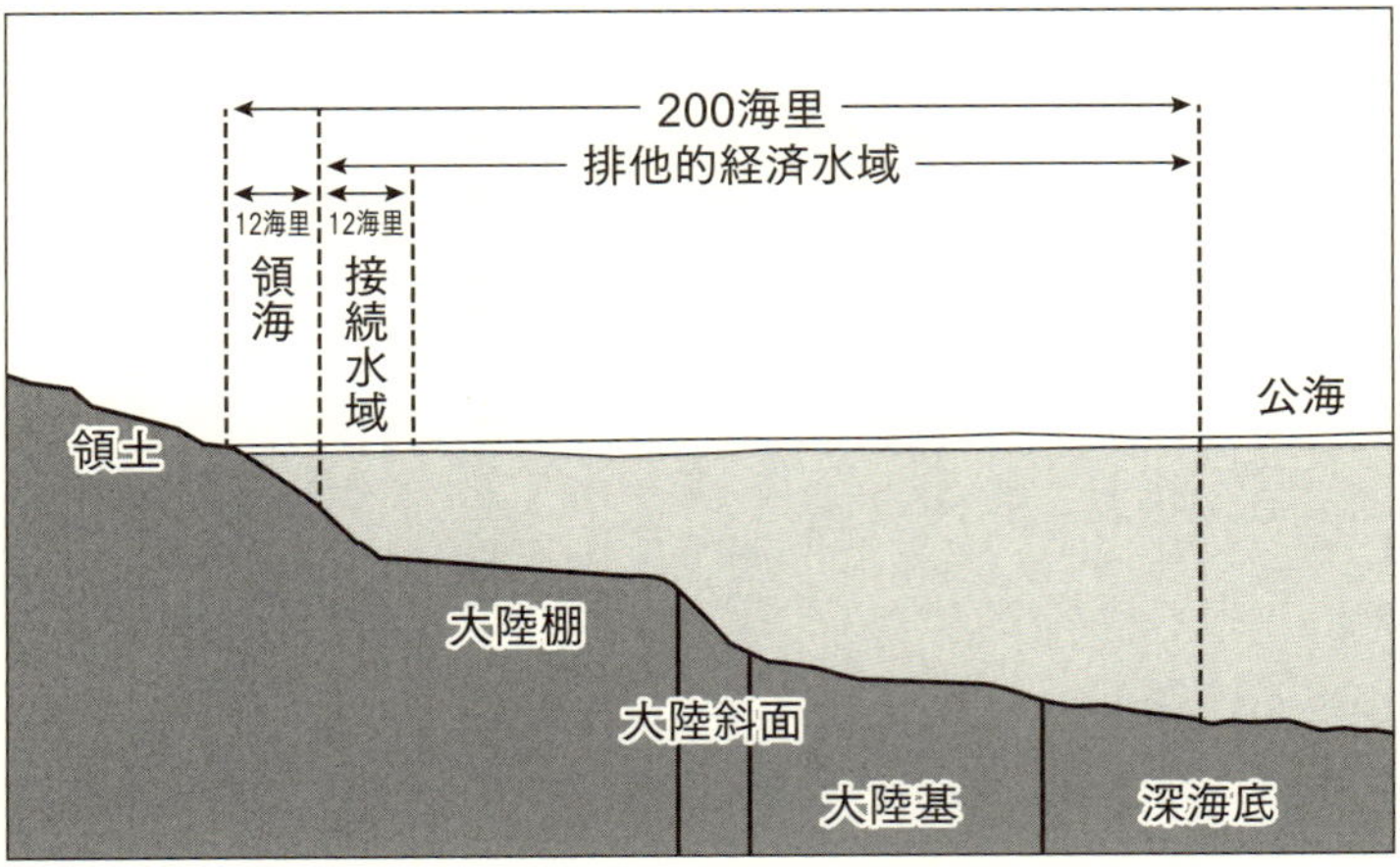

貨物船や旅客船などの商船、政府諸機関の巡視船や漁業取締船や海洋調査船などの公船、それに駆逐艦や潜水艦や航空母艦などの軍艦など全ての艦船）であっても、自由に航行する権利が保障される。

ただし、国際社会にとり公敵とされる海賊行為や密輸行為、そして人身売買（奴隷取引）行為に加担している船舶の航行を阻止妨害することが、軍艦（国籍は問わない）には許されている。このように公海においては、かつて「自由海論」で主張されたような「航行自由原則」が保障されている。

領海には、かつて「閉鎖海論」で主張されたように、沿岸国の国家主権が及ぶことが保障されている。沿岸国の主権が及ぶ空間的広がりは、領海の水域（海上・海中）及び、その上空（領空：領空は領海の上空と領土の上空からなる）ならびに、その海底と海底の地中の全てが含まれる。

一-二-五-五　無害通航

ただし領海に沿岸国の主権が完全に及ぶといっても、国連海洋法条約は、他国の領海内においても、ある条件のもとに航行自由原則を認めている。それは、下記の行為をなさないとともに、可能な限り直線的にかつ可能な限り速やかに航行するという条件付きの、無害通航、である。領海内における下記のような行動は、沿岸国の主権にとって軍事的、行政的、経済的に危害を加えるため禁止し、そのような行動をしない通航を「無害」通航と呼ぶのである。

【他国の領海内で行ってはならない行動】

一：沿岸国の国家主権、領土保全、政治的独立を脅かすような武力による威嚇や武力の行使

1-2-7 無害通航概念図

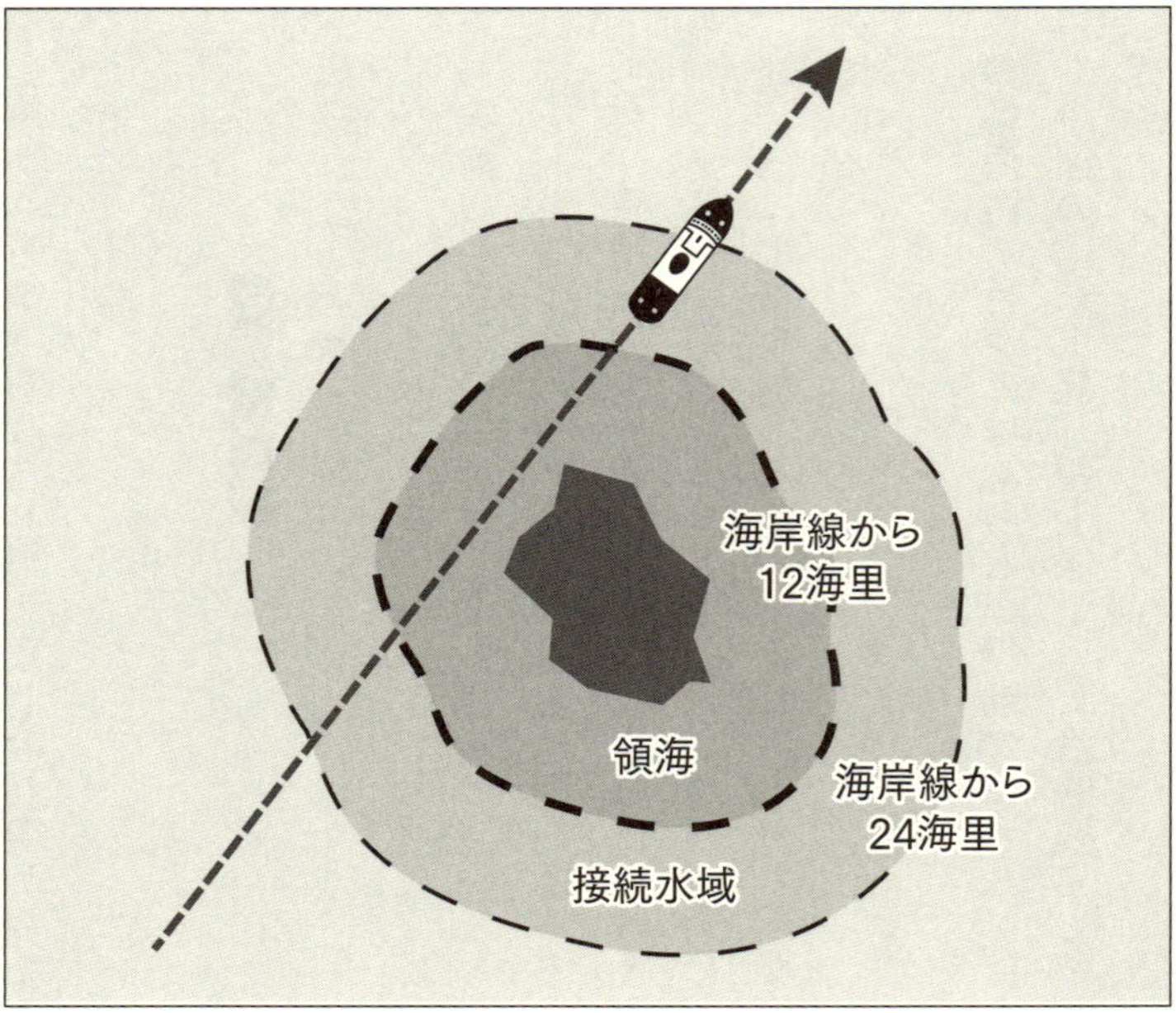

二：軍事訓練あるいは軍事演習

三：沿岸国の防衛あるいは安全を害することになるような情報収集活動

四：沿岸国の防衛あるいは安全に影響を与えることを目的とする宣伝活動

五：艦船からの航空機の発着あるいは積載

六：艦船からの軍事機器の発着あるいは積載

七：沿岸国の各種法令に違反する物品や通貨あるいは人の積込みや積下ろし

八：この条約に違反する故

　意かつ重大な汚染行為
九：漁業活動
一〇：海洋調査活動あるいは測量の実施
一一：沿岸国の通信系システムあるいは他の施設への妨害を目的とする活動
一二：通航に直接の関係を有しないその他のあらゆる行動

無害通航は、民間船、公船そして軍艦を問わず共有できる権利である。

ただし、強力な戦闘能力を有した軍艦の場合は、単に領海内を通航するだけでも沿岸国に軍事的脅威を与えることになるし、沿岸国からそのような抗議がなされることもある。

また、潜水艦が無害通航をする場合には、海面に浮上して所属する国の国旗を掲揚し航行しなければならない。

一-二-六　アメリカと国際海洋法秩序

自由な海上交易を建国以来の国是としているアメリカは、公海での航行自由原則が国際法秩序として国際社会に認められるよう、国連海洋法条約の実現に邁進していた。もちろんここでいう国際法秩序とは、アメリカの国益に合致する「国際法」であるが。

しかし、現在、国連海洋法条約一一部の深海底の資源開発に関して、アメリカ（とりわけ海底資源開発関連企業に働きかけられた連邦議員）は反対の立場を崩せない。そのため、旗振り役であったアメリカ自身が国連海洋法条約には参加していないという歪《いびつ》な状態が続いている。

ただし、それ以外の国連海洋法条約の諸条項に関しては、アメリカも国際海洋法秩序と認めている。そのため、それらの維持とりわけアメリカの国是である「航行の自由」を保護するために、航行自由原則に抵触しているとアメリカが判断している国々に対しては、その海域に軍艦や航空機を派遣し「国際海洋法秩序」を護らせるためのデモンストレーションを半ば軍事的威嚇を伴いながら実施している。

この活動は「公海航行自由原則維持のための作戦（ＦＯＮＯＰ）」と呼ばれている。最近、中国による南シナ海の南沙諸島での人工島建設や海洋軍事基地建設の動きに対して、米海軍による南シナ海でのＦＯＮＯＰ実施がしばしば報道されている。

ただし、ＦＯＮＯＰは南シナ海に限ったことではなく、「国際海洋法秩序」に抵触するとアメリカ当局が考えている、世界中の海域で数多く実施されている。たとえば、日本周辺でも日本政府に注意を喚起するためにＦＯＮＯＰが時折実施されることがある。

このようにアメリカが軍事的威圧を用いてでも、航行自由原則を維持しようとするのは、建国間もない頃からの伝統であり、まさにアメリカの国是と言っても過言ではない根本原則なのである。

一－二－七　アメリカの国際海洋法秩序に対する挑戦

アメリカは頻繁にＦＯＮＯＰを実施してでも国際社会で自らの国是である「航行の自由」が蔑《ないがし》ろにされないように目を光らせている。ソ連との冷戦に打ち勝った後のアメリカは、世界でも突出した海洋戦力を有してきたため、航行自由原則にとっての障害は、海賊や海上テロリストによる散発的な事件に限られてきた。

しかし、本書一－三－五－五で触れるように、アメリカと敵対しているイランが、地の利を生かしてホルムズ海峡やその周辺海域を通航するアメリカやアメリカの同盟諸国のタンカーの航行を妨害する可能性がある。そのため、ホルムズ海峡周辺に、常に海洋戦力を展開させてイランの動きを監視し続けている。

だが、イランにしろ、海洋テロリストや海賊にしても、アメリカに対して政治的に対抗している勢力であったり、単なる犯罪集団であったりするにすぎない。アメリカが維持しようとしている国際海洋法秩序そのものに対する天敵というわけではない。

ところが、その国際海洋法秩序とりわけアメリカが絶対に維持し続けたい最大の国是である「航行の自由」に、真っ向から対決し始めた新興海洋強国が出現した。中国である。中国は、アメリカの国是である「航行の自由」の絶対的維持を大黒柱とし、アメリカの価値観が主軸となり誕生した国際海洋法秩序そのものに挑戦し始めているのだ。

―1―2―7― 中国領海法

アメリカと違って中国自身は一九九六年に国連海洋法条約を批准した。ただしアメリカの価値観が色濃い国際法秩序に参加する以前に、警戒線を張っておいた。それが、一九九二年に制定された、「中華人民共和国領海及び接続水域法」(以下、中国領海法)である。

中国領海法は、中国の領海を確定するための領土を下記のように定義している。この領土の海岸線が、領海の基準となる基線なのだ。

1−2−8 東シナ海の排他的経済水域

（中国政府の立場）

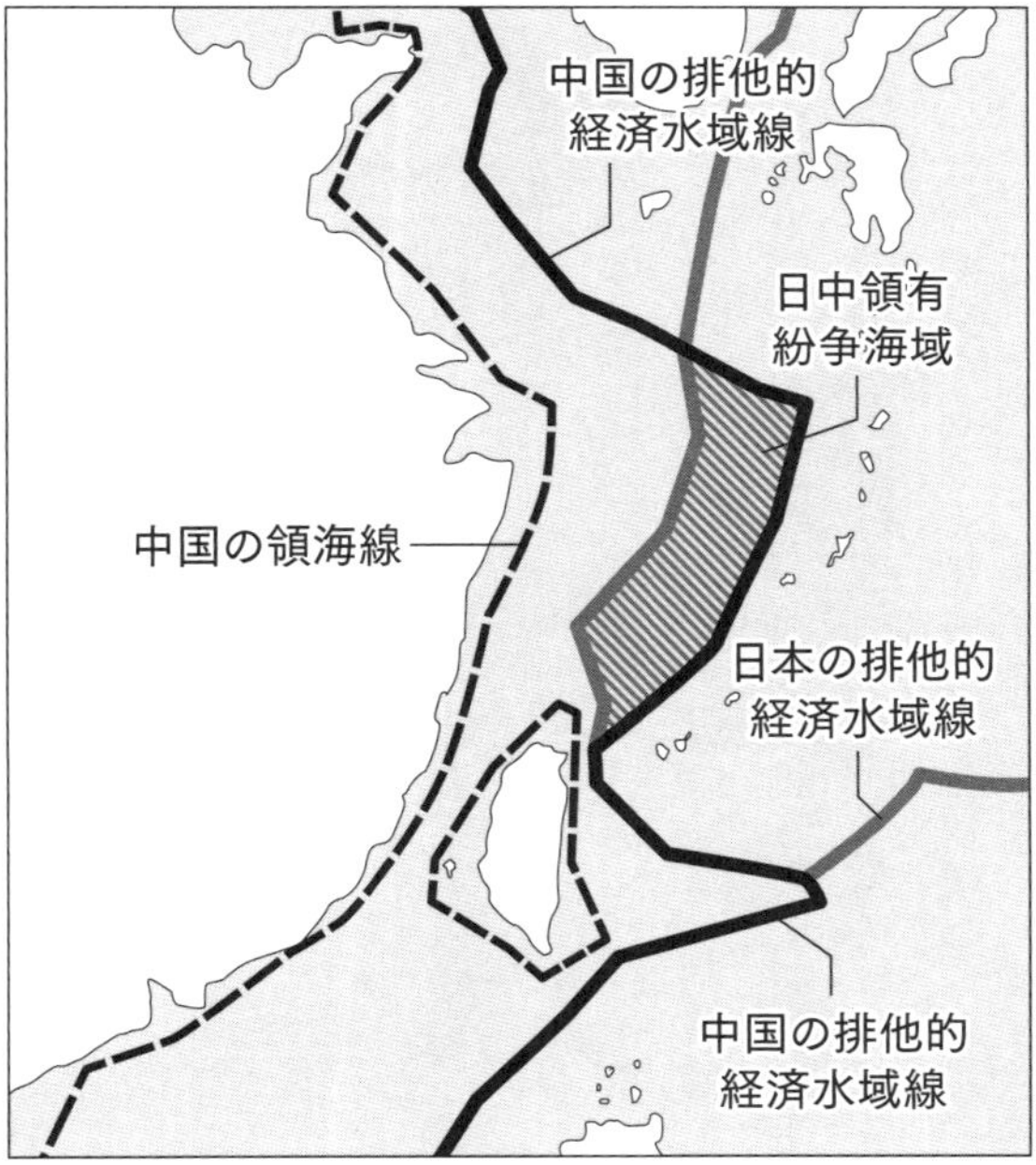

・中華人民共和国の大陸及びその沿海の諸島
・台湾及び釣魚島を含むその付属諸島
・澎湖《ほうこ》諸島
・東沙諸島
・西沙諸島
・中沙諸島
・南沙諸島
・その他のすべての中華人民共和国に属する島々

以上が、中国が（中国領海法制定当時においても、現在においても）領有権を巡って紛争中の島嶼をも含めて、中国の領土であることを宣言したところである。もっとも、台湾に関しては中国領海法以前に台湾そのものが中華人民共和国の一部であると主張している。そのため、領有権の紛争にとどまらない国家の存在そのものの争いが存在している。いずれにせよ、中国領海法に列記されている島嶼のほとんどが領有権紛争中の場所である。

もちろん中国領海法は中国政府の一方的宣言である。たとえ領有権を巡って紛争中であっても、それらの島嶼を自国領と国内法で規定しても、それをもってして直接、国連海洋法条約に挑戦しているとはいえない。

実際に、島嶼の領有を巡る国家間紛争は中国だけが抱えている問題ではなく、数多くの国々が領有権紛争問題を抱えている。現に日本も、中国との尖閣諸島領有権紛争、韓国との竹島領有権紛争、ロシアとのいわゆる北方領土領有権紛争を抱えている。

中国領海法が、国際海洋法秩序とりわけアメリカの国是である「航行の自由」と正面衝突しているのは、明文をもって無害通航を制限している、という点にある。

中国領海法第六条では、外国の非軍用船舶には国連海洋法条約の規定と同様に中国領海内での無害通航を認めている。しかし同条項で、外国の軍用船舶は事前に中国当局の許可を得なければ中国領海内に入れない、と規定している。

これは、国連海洋法条約第三節、そしてアメリカの国是である航行自由原則を完全に否定した中国独自のルールである。

事前許可が必要という要求と共に問題なのは、中国の許可が必要なのは外国の「軍艦」ではなく、外国の「軍用船舶」と指定している点である。

軍艦とはいずれの国を問わず軍隊に所属している。そして、所属国を何らかの方法で明示し、軍人である将校が指揮を執り、やはり軍人である将兵が運用している。さらに、軍艦は、所属している軍隊の船籍簿のような公式リストに記載されている船舶を意味しており、それが戦闘艦（潜水艦、駆逐艦、フリゲート、空母、ミサイル艇など）であるのか非戦闘艦（輸送艦、補給艦、海洋調査船など）であるのかは問わない。

軍用船舶という表現は、軍事用途に使用されるすべての船舶を意味している。そのため、上記のような軍艦が軍用船舶に含まれるのは当然である。しかし、それ以上に、軍艦の定義に含まれない政府公船や民間の貨物船、タンカー、客船といった商船なども、中国当局が軍用に使われていると判断した場合は軍用船舶と認定され、無害通航は拒否されることになる。

もう一つ問題点がある。

中国は自国領海における無害通航に制限を設けているが、中国の軍艦、さらには中国の軍用船舶は国連海洋法条約に基づいて他国の領海で無害通航を享受することができるのである。ようするに、中国は国連海洋法条約の諸原則を基本的には受け入れるが、中国にとって受け入れたくない点に関しては中国領海法で制限を加えてしまったのである。

中国政府は、中国領海法は中国が国連海洋法条約を批准する以前に立法化されたと主張する。中国がその長い歴史を通して手にしてきた海洋領域に関する伝統的事実は、国連海洋法条約が制定される遥か以前から存在しているとする。中国に限らずいかなる国家といえども、事後立法に拘束される必要はない、と主張しているのだ。

もっとも、中国領海法が制定された当時においては、上記のような問題点が含まれていたものの、アメリカ政府はそれほど深刻に受け止めなかった。また日本政府も、尖閣諸島を一方的に中国領と規定した点に関して、外務当局が形式的抗議をしただけだった。航行自由原則への侵害という視点もなく、それ以外の動きも見せなかった。そして、日本メディアも関心を示さなかった。

一九九〇年代当時、日本の海洋戦力（海上自衛隊と航空自衛隊の一部）は、中国海洋戦力を質的には完全に圧倒していた。経済力も技術力も日本のほうが「先進国」であった。日本政府は、中国の一国内法である中国領海法に目くじらを立てることはないと中国を見くびっていた。

同様に、アメリカ海軍やアメリカ空軍から見れば、その当時の中国海洋戦力などは〝おもちゃ〃のような存在であった。それこそ中国が国内法で無害通航に制限を加えたとしても、いざという際には強大なアメリカ海軍に中国軍が立ち向かえることはないと見下していた。

実際に、一九九六年に台湾総統選挙を巡って中国が台湾を軍事的に恫喝した際に、アメリカ海軍は二セットの空母艦隊を台湾周辺に展開させた。すると、手も足も出ない中国は台湾恫喝を断念した（第三次台湾海峡危機）。

このように米中間には圧倒的な海洋戦力差があったため、アメリカ政府としては、中国領海法を深刻なアメリカへの挑戦とはみなさなかったのである。

しかし、第三次台湾海峡危機で国家の面子が丸つぶれにされた中国は、それ以後、空母艦隊を中心とするアメリカ海洋戦力の脅しに屈さないだけの強力な海洋戦力を構築することに多大な努力を傾注した。そして、四半世紀を経ると、アメリカ軍当局も中国海洋戦力が東アジア方面に展開可能なアメリカ海洋戦力を量的なだけではなく質的にも上回っている状況を認めざるを得なくなってしまった。

そのためアメリカ政府は、中国が国際海洋法秩序とりわけ「航行の自由」を蔑ろにして国際社会に挑戦している、としてアメリカ外交最大の課題の一つと位置づけた。さらに、軍当局もアメリカの国是である航行自由原則に挑戦している中国海洋戦力を最大の敵と位置づけることになった。

一―二―七―二　九段線

アメリカが生み出した国際海洋法秩序に対抗しているのは中国領海法だけではない。中国当局は、中国が長い歴史を通して手にしてきた海洋領域に関する伝統的事実は国連海洋法条約などの事後立法やアメリカの価値観を具現した国際海洋法秩序などには規制されない、との立場を取っている。

その伝統的事実の代表的なものが、南シナ海に中国が設定している「九段線《きゅうだんせん》」という中国の主権的海域を示す境界線である（次ページの地図中の九本の太く短い点線で形成されるU字線）。

中国政府によると、伝統的境界線である九段線の内部は中国の「海洋国土」であり、九段線外部が中国の主権的権利が及ばない海であるとしている。したがって九段線内部の島嶼・環礁・暗礁・砂州は全て中国領土ということになる。

また、九段線内部の海洋は中国の歴史的な水域であって中国の主権的権利が及ぶとする。

1-2-9 九段線図（黒い太い点）

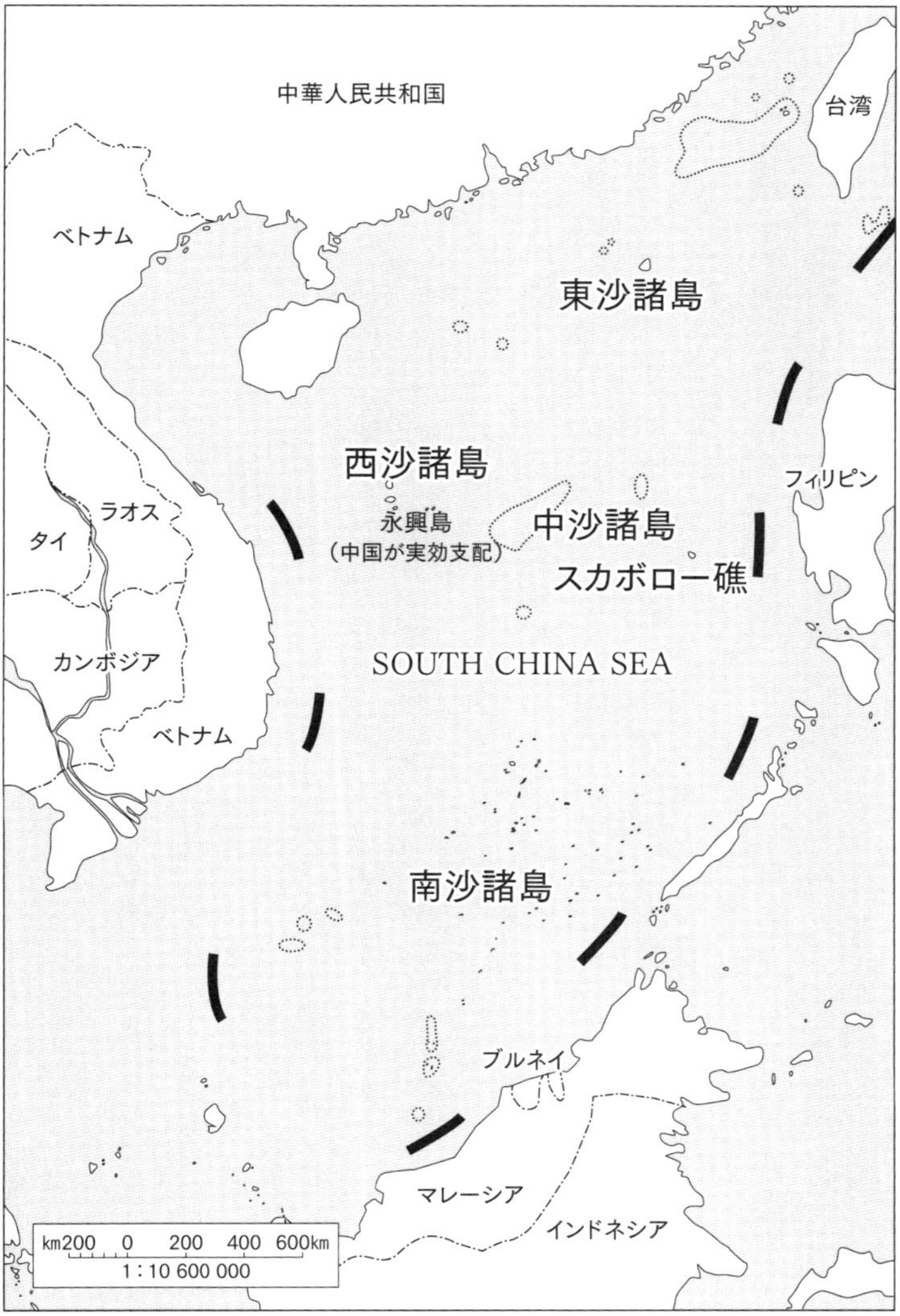

このような中国固有の歴史的権利の境界線は、九段線の概念より後に誕生した国連海洋法条約などでは否定されないのである。

現在（二〇二一年春）南シナ海とりわけ南沙諸島を巡って中国、フィリピン、ベトナム、マレーシア、ブルネイそして台湾が激しい領有権争いを展開しており、九段線は全ての領域紛争において中国側の歴史的正当性の論拠となっている。

そもそも南シナ海における国家間対立は、一九三三年にベトナムを植民地にしていたフランスが南沙諸島と西沙諸島に軍隊を駐屯させたことから始まった。この動きに対して中華民国政府（当時は中華人民共和国は存在しておらず、南シナ海に面する中国大陸沿岸地域は中華民国政府が支配していた）が、それらの島々の領有権を主張してフランス政府に厳重抗議をした。これが、南シナ海での領有権紛争の起源である。

その当時、中華民国は海軍力が皆無に近かったため、日本政府に日本海軍の助力を要請して南シナ海からフランス軍を駆逐しようとした。そして、日本政府も中華民国と足並みを揃えてフランス政府に厳重抗議を行った。

その後、日中戦争勃発により日中関係が悪化したため、日中両国共に南シナ海どころではなくなったが、一九四〇年の日本軍による仏印進駐により南シナ海の島嶼からフランス軍は追い出されて、南シナ海全域は日本の支配下に入った。

1-2-10 南海諸島位置図（中華民国内政部）

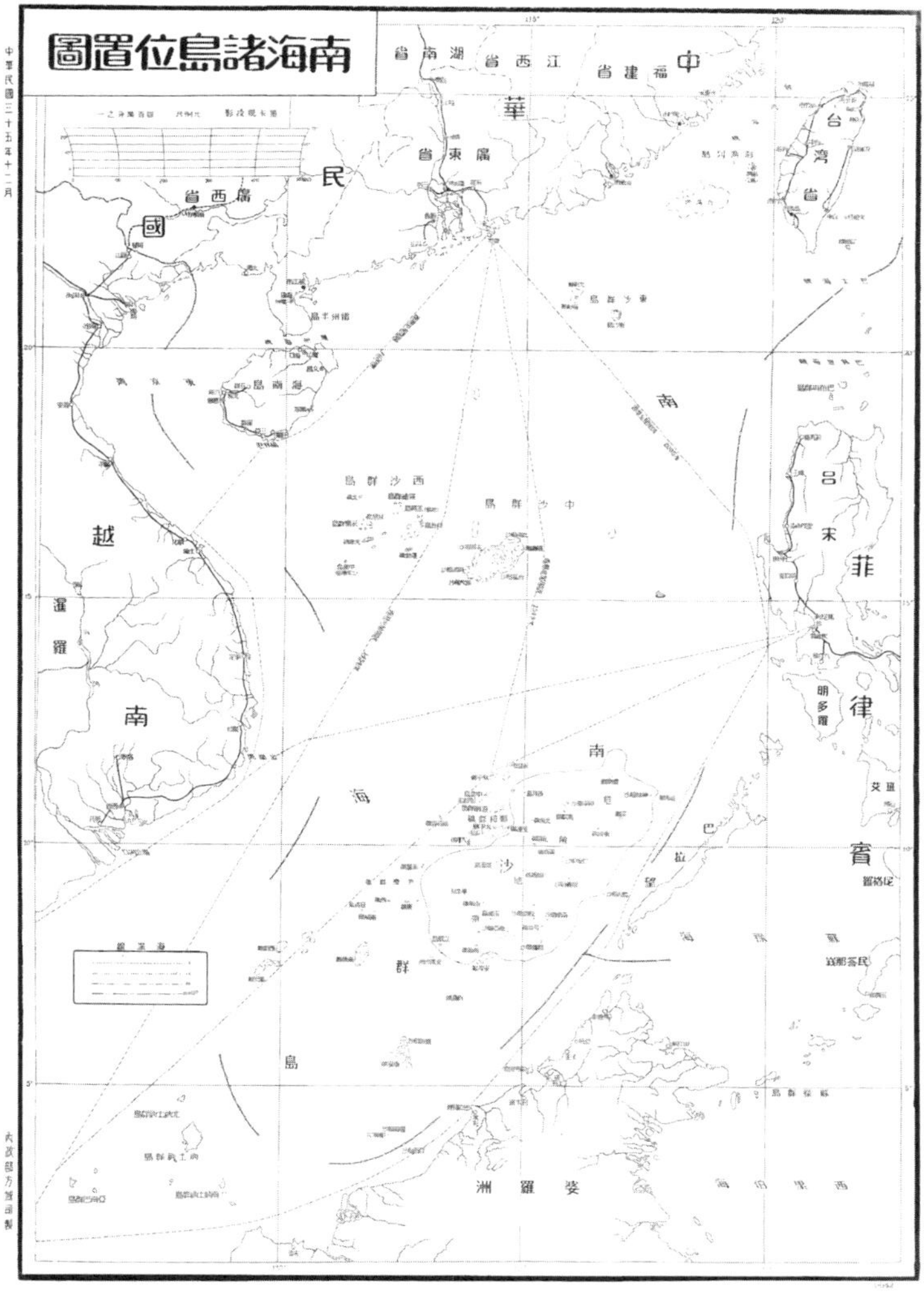

第二次世界大戦に日本が敗北すると、中華民国が南シナ海の島々を行政区域に編入することを決め、中華民国は南シナ海に軍艦を派遣して南シナ海のいくつかの島々を占領した。一九四七年には東沙諸島、西沙諸島、南沙諸島を管轄する海南特別行政区が誕生した。

そして、中華民国政府は、南シナ海のほぼ全域を「中国の海」とする境界線を付した『南海諸島位置図』（前ページ）という地図を公刊した。この境界線は一一の長い点線で形成されたU字線であり「十一段線」と呼ばれた。

その直後、ベトナム再支配を目論んだフランスが南シナ海に舞い戻ってきたため、中華民国とフランスの間で南シナ海の島々を巡る対立が再発した。しかし、ベトナム内戦開始とともにフランスは南シナ海より撤収した。

一九四九年、中国の覇権を共産党が奪取すると、中国共産党政府は『南海諸島位置図』をそのまま引き継いだ。そして、ベトナムとの国境確定作業によって、南シナ海の「中国の海」の境界線は、九段のU字線に改定され「九段線」と呼ばれるようになった。

その後、九段線は、南シナ海での領域紛争当事国以外の国際社会で注目を浴びることは少なかった。

しかし、二〇一四年以降、中国が南沙諸島に人工島を建設し始め、わずか数年で七つもの人工島を完成させてしまった。それだけでなく、それら全てに軍事施設が設置され、中

1-2-11 中国南沙人工島の位置

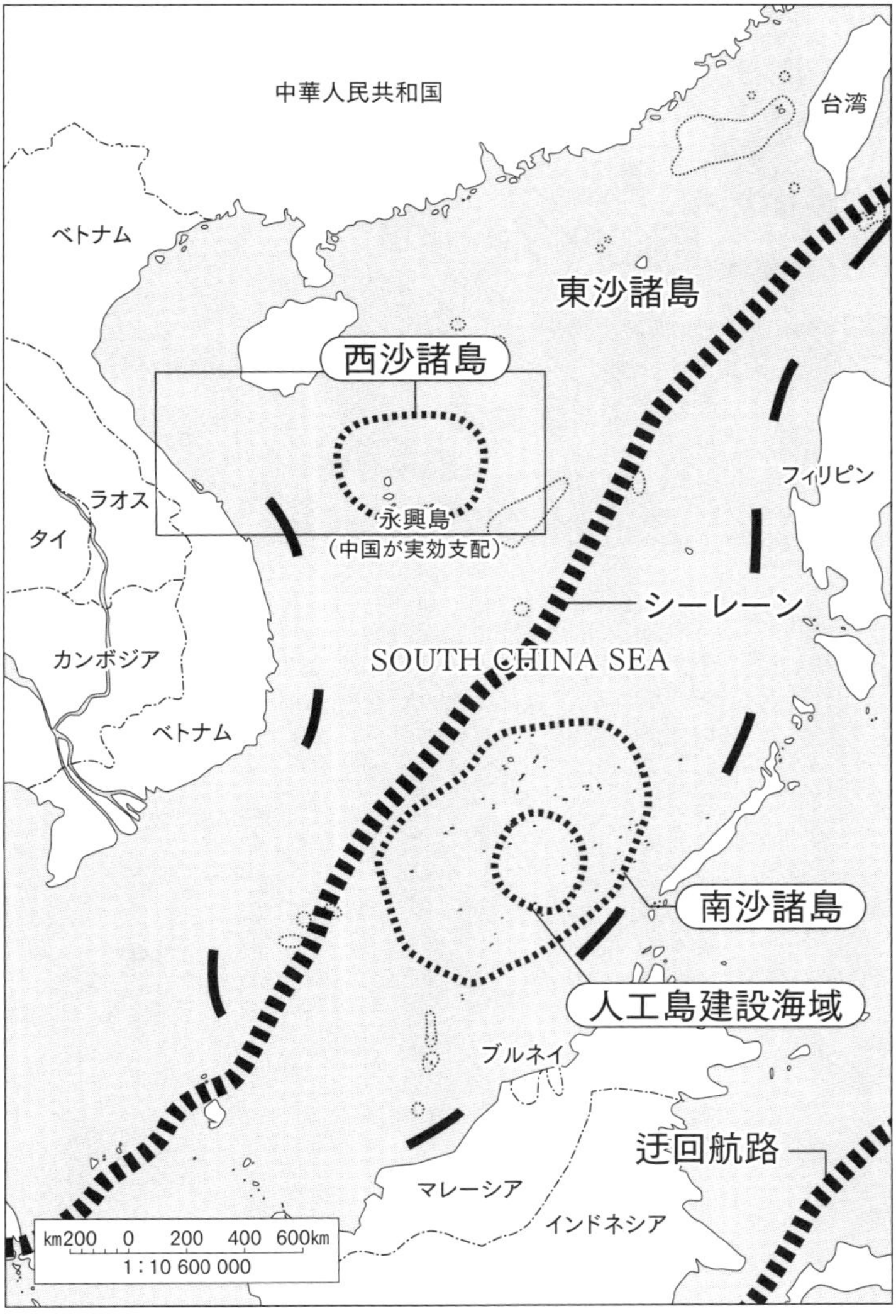

1-2-12 中国南沙人工島詳細

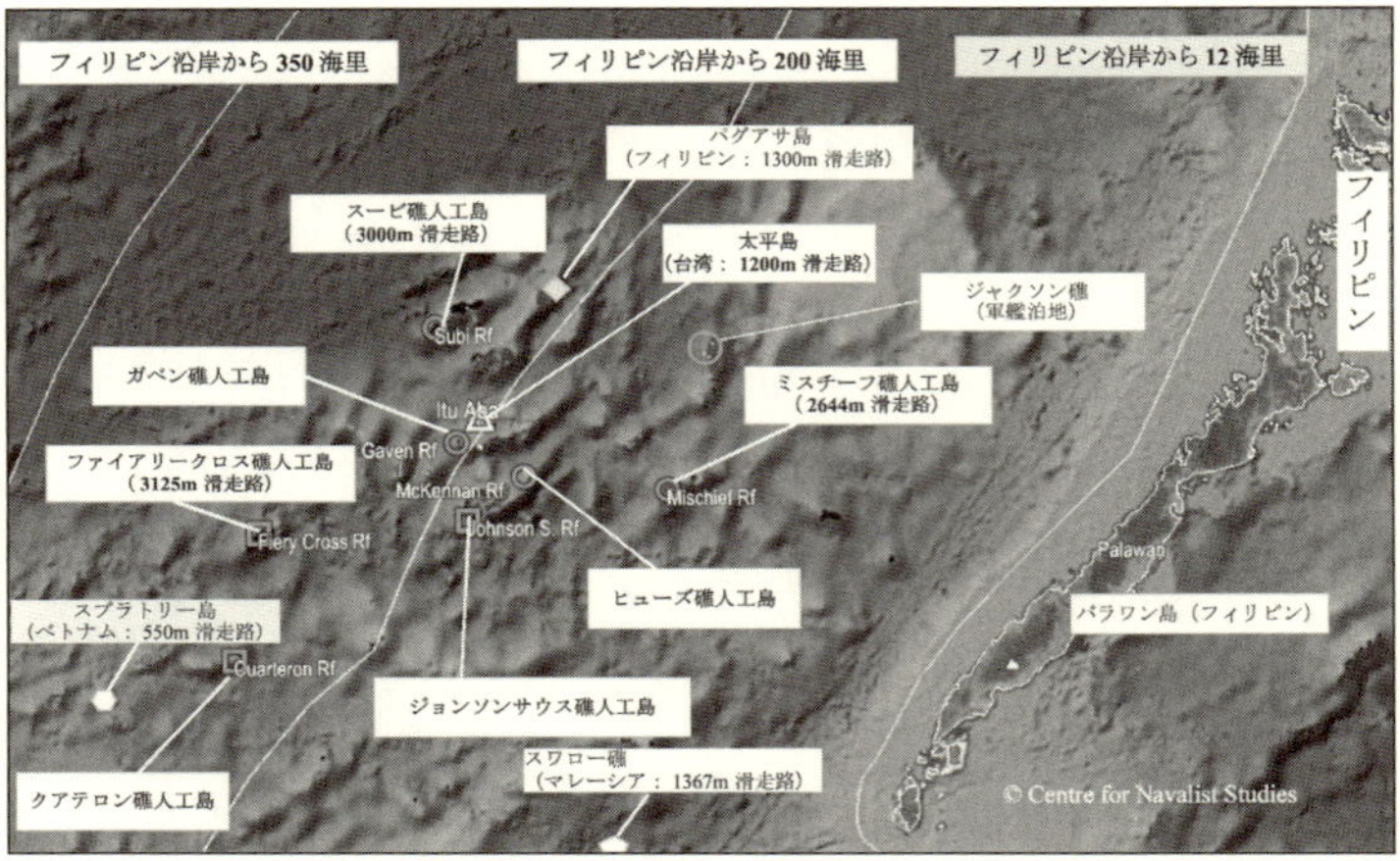

でもファイアリークロス礁、ミスチーフ礁、スービ礁には、三〇〇〇メートル級滑走路を伴う本格的軍用航空施設まで造ってしまったのだ。

　このような状況に立ち至って、ようやくアメリカのオバマ政権は、アメリカの国是である「航行の自由」が南シナ海で失われつつあるとのアメリカ海軍の警鐘を受け入れた。そして、中国政府に対して異議を申し立てるようになった。

　その結果、南シナ海の大半を中国の主権的海域であるとする九段線が、国際社会でも取り上げられるようになったのである。

　そして、アメリカや南シナ海における紛争当事国（フィリピン、ベトナム、マレーシア、ブルネイ、インドネシア、台湾）が、九段線

一-三 海洋国家の国防戦略

本章では、海洋国家の大黒柱である海洋軍事力の価値や威力の原動力となる「国防戦略」の根本原理を見る。

一-三-一 海洋国家の国防

海洋国家における国防とは、わが領域（自国の領域だけでなく海外に保持している補給地、前進基地、同盟国、保護国、属領、植民地などをも含む）を外敵の侵入や攻撃から守り抜くことだけではなく、わが海上交易（現代的には航空機も使うため厳密には海洋交易となる）を外敵（国家や海賊）の攻撃や妨害から保護する、ことを意味する。

そもそも、ある国が海洋国家とみなされるからには、その国の国防が「海洋軍事力に大幅に依拠している」必要がある。ということは、すなわち海洋国家の国防は以下のような鉄則に準拠せざるを得ないことが容易に理解できるであろう。

なぜならば、海洋軍事力というのは海洋すなわち海上、海中、上空（場合によっては敵の海岸線）において用いられる軍事力であり、海洋上でなければ役に立たない軍事力であるからだ。


【海洋国家防衛原則】

国防の目的は、わが領域とわが海上交易の保護にあり、それらに危害を加えようとする敵は海洋上において撃退し、わが領域には一歩たりとも侵入させない。

一ー三ー二　制海三域

このような国防方針の地理的指針として生み出されたのが、「制海三域」という概念である。

海洋戦力によって、他国の海洋戦力や海賊やテロ集団などの行動を制圧し排除する。軍事的に言い換えると海上優勢と航空優勢（両者を合わせて、軍事的優勢）を維持することができる海域を制海域という。

ただし、制海域とは地上国境のような線ではない。幅広い海域で、状況に応じてその幅は多少変化するため、地上国境のような確定位置でもない。そして自国からの距離で、三つのレベルに制海域を設定することによって、海洋戦力による国防戦略実施目的をビジュアル化しようというのが「制海三域」のアイデアである。

（一）前方制海域

海外のわが権益となる前進拠点や保護国、植民地などに近接する海域。外敵にとっての後方制海域となっている海域のこと。

通常は、わが海洋戦力が軍事的優勢を手にしていないため、有事に際しては、わが海洋戦力によって軍事的優勢を確立したうえで、作戦行動を実施する海域。

（二）基幹制海域

1−3−1 制海三域

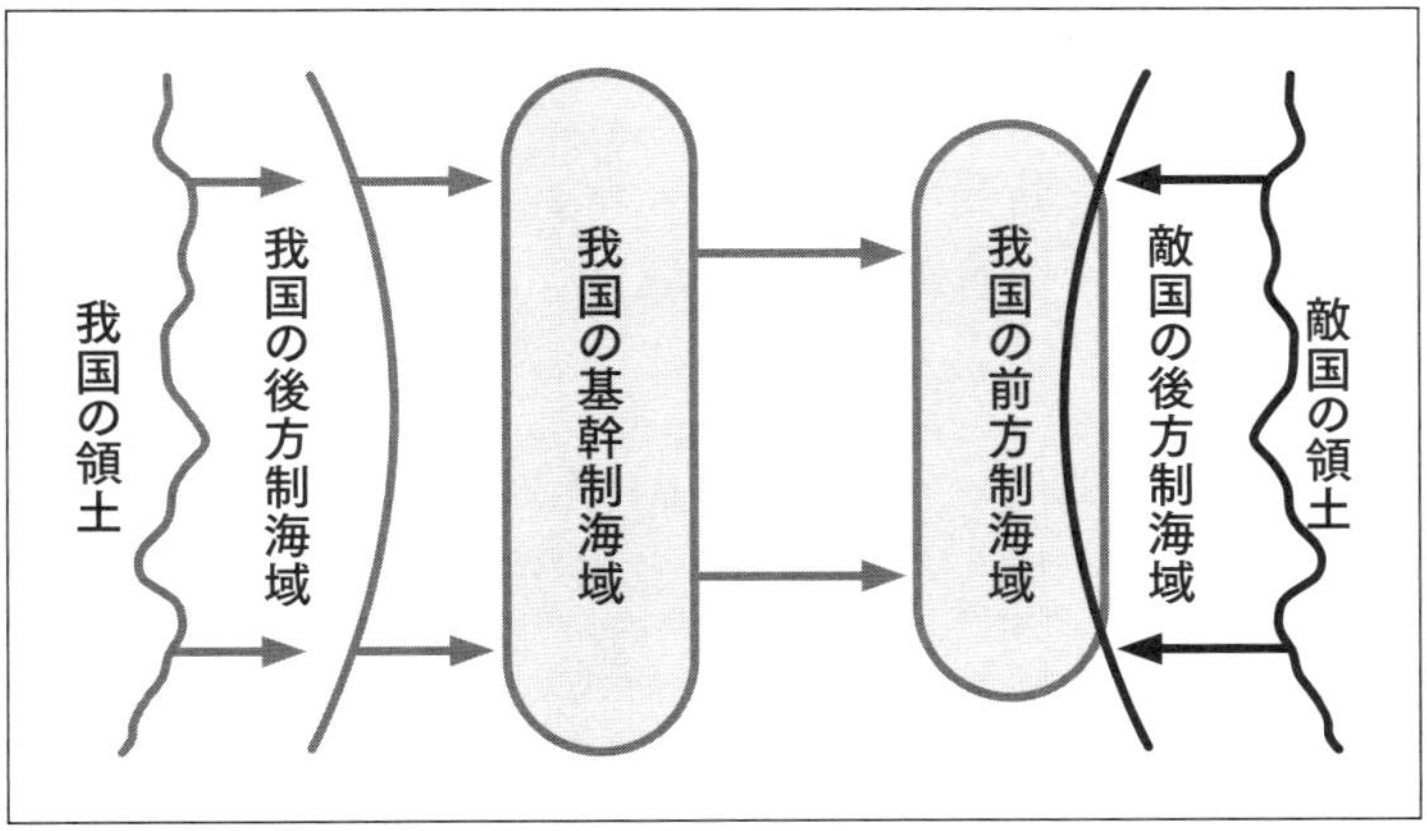

わが領域に対して攻撃を企てる敵海洋戦力を迎撃したり、わが海上交易を妨害したり、危害を加えようとする勢力を撃破するため、わが海洋戦力によって軍事的優勢を必要十分な期間にわたって確保することができる海域のこと。

　国防戦においては、この制海域での迎撃こそが主たる防衛戦となる。また敵戦力が接近してくる前に、この制海域に防衛戦力を配置して待ち受けていた場合には、主導権を握って迎撃することが可能である。

　一方、外敵が奇襲的に接近してきた場合には〝主導権をとっての迎撃〟はできなくとも、この制海域で敵侵攻軍を迎え撃ち撃退できるように、緊急展開能力を整備しておかなければならない。

（三）後方制海域

わが海洋戦力により軍事的優勢を比較的容易かつ確実に確保しうる、自国領域に近接している海域（注：兵器やレーダーなどのセンサー類の進化に対応してこの海域の範囲は変化する）。

わが領域に対して攻撃を企てる敵海洋戦力を迎え撃つための最後尾、すなわち最も自国領域側に位置する制海域である。この制海域が突破されると迎撃戦は危殆《きたい》に瀕して、停戦あるいは降伏を模索しなければならなくなる。

一－三－三 海洋国家防衛原則における「徹底抗戦」

海洋国家防衛原則では、後方制海域でコントロールを失い外敵に海岸線を踏みにじられて攻め込まれてしまった時点で、防衛戦は失敗とみなさざるを得ないと考える。

しかしながら、海洋戦力が壊滅あるいは大打撃を受けた段階でも、まだ防衛戦は終わっていないと考える人々は少なくない。もちろんこのような人々は、「海洋国家防衛原則」など決して認めず、その原則を海軍による手前勝手な主張とみなしている。

つまり、彼らは、戦史からの教訓やそれらから導き出された理論的考察などは眼中に入れない。海洋での迎撃戦に敗北しても、陸上部隊での決戦用守備隊が存在するかぎり、本土で踏ん張って「徹底抗戦」、すなわち「本土決戦」をするのだと叫んで地上戦を繰り広げることを主張する。

しかし海洋国家防衛原則においては、「徹底抗戦」は、最悪の場合でも後方制海域の海洋上で実施されなければならない。「徹底抗戦」が、全ての防衛資源を投入した、背水の陣での迎撃戦を意味するならば、そのような防衛資源は後方制海域での「徹底抗戦」に振り向けるべきなのだ。

「徹底抗戦」によって敗北した場合は、その時点で軍事的な抵抗は終結する。軍事的対処が完了したあとは、再び外交が中心となる。

万が一、海洋上での「徹底抗戦」に敗北してしまい、停戦あるいは降伏により、とりあえず戦闘が終結した場合、占領部隊が国土に進駐してくる可能性が高い。しかし進駐軍との間には地上戦が発生するわけではない。非戦闘員の犠牲や建物財産はじめ社会的インフラの損害も極小に抑えられる。

敗北側の処遇交渉は外交の役目である。

一方、海洋国家防衛原則を無視して地上戦という「本土決戦」に突入したあげくに敗北

1−3−2 徹底抗戦

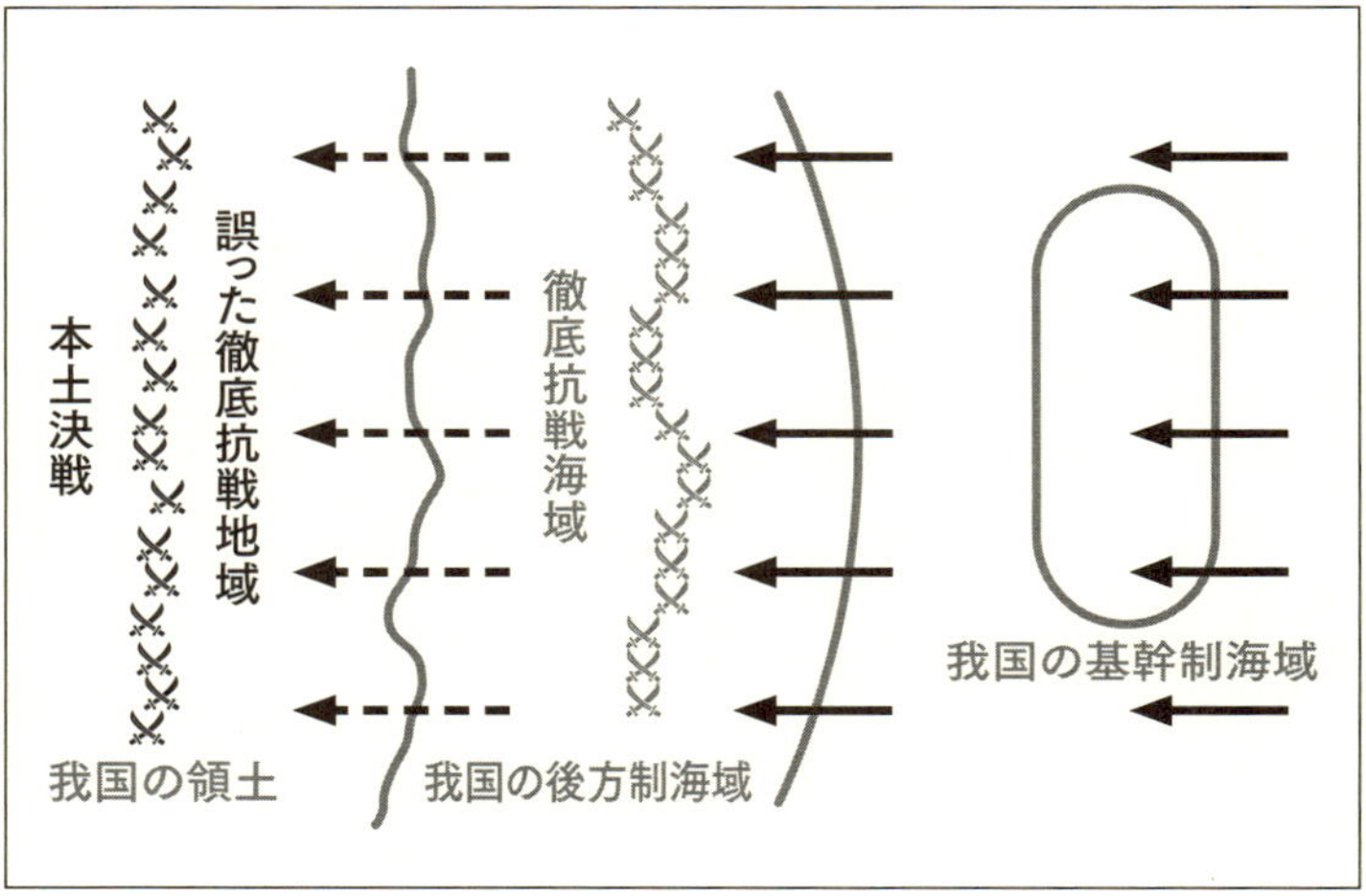

してしまった場合にも、やはり国土は敵に占領されてしまうであろう。

そして、激しい地上戦を戦った戦闘員だけでなく非戦闘員の犠牲も数知れず、もちろん地上戦の舞台となった地域の社会的インフラの損害はおびただしい数にのぼることになる。

感情的には、「海洋で敗北しても地上での徹底抗戦で挽回するのだ」というのは〝愛国的〟で勇ましく聞こえるかもしれない。しかし、かつて日本でそのような感情に任せた結果、行き着いてしまったのが「本土決戦」なのである。

国民の生死、国家の存亡を左右する戦争は極めて冷静に対処しなければならない。古今東西の数多くの海洋国家が関わった戦例は「海洋国家の防衛は海洋上で決着をつけねばならない」という教訓を与えているのである。

一―三―四　イギリスで誕生した「海洋国家防衛原則」

「海洋国家の防衛は海洋において決着をつけるべきであり、敵侵攻軍は一歩たりともわが海岸線に上陸させない」という「海洋国家防衛原則」ならびにそれを具体化する「制海三域」のアイデアは、イギリス（厳密にはイングランド王国だが、本書では単にイギリスと呼称する）で誕生した。

イギリスでは伝統的にこの国防思想に固執したため、自然の成り行きとして海軍が国防の主力とみなされ続けている。

（ただし、「海洋国家防衛原則」ならびに「制海三域」という表現は、そのような語句が用いられてきたわけではなく、それらの概念やアイデアを体系化したうえで筆者が命名したものである。）

一―三―四―一
伝統的な制海三域

ノルマン王朝の昔より現在に至るまで、イギリスはスペインやフランスやオランダといったヨーロッパ大陸の強国による侵略の企てに対して「一歩たりとも上陸を許さず、海上で撃退する」という海軍中心の防衛策が、国是として誕生し定着してきた。この国防戦略を実施するために経験的に三段階の制海域が設定されるようになった。

最も敵側にある前方制海域は、敵の海岸線周辺、ヨーロッパ大陸の沿岸域に設定された。主たる迎撃戦が予想される基幹制海域は、大陸とイギリスの間に横たわるイギリス海峡や北海、そしてビスケー湾などの海洋上に設定された。

そして打ち破られるとイギリスが危殆に瀕してしまう最後の制海域である後方制海域はイギリスの沿岸海域とされた。

【伝統的なイギリス国防戦略における制海三域】

1-3-3 イギリスの伝統的な制海三域

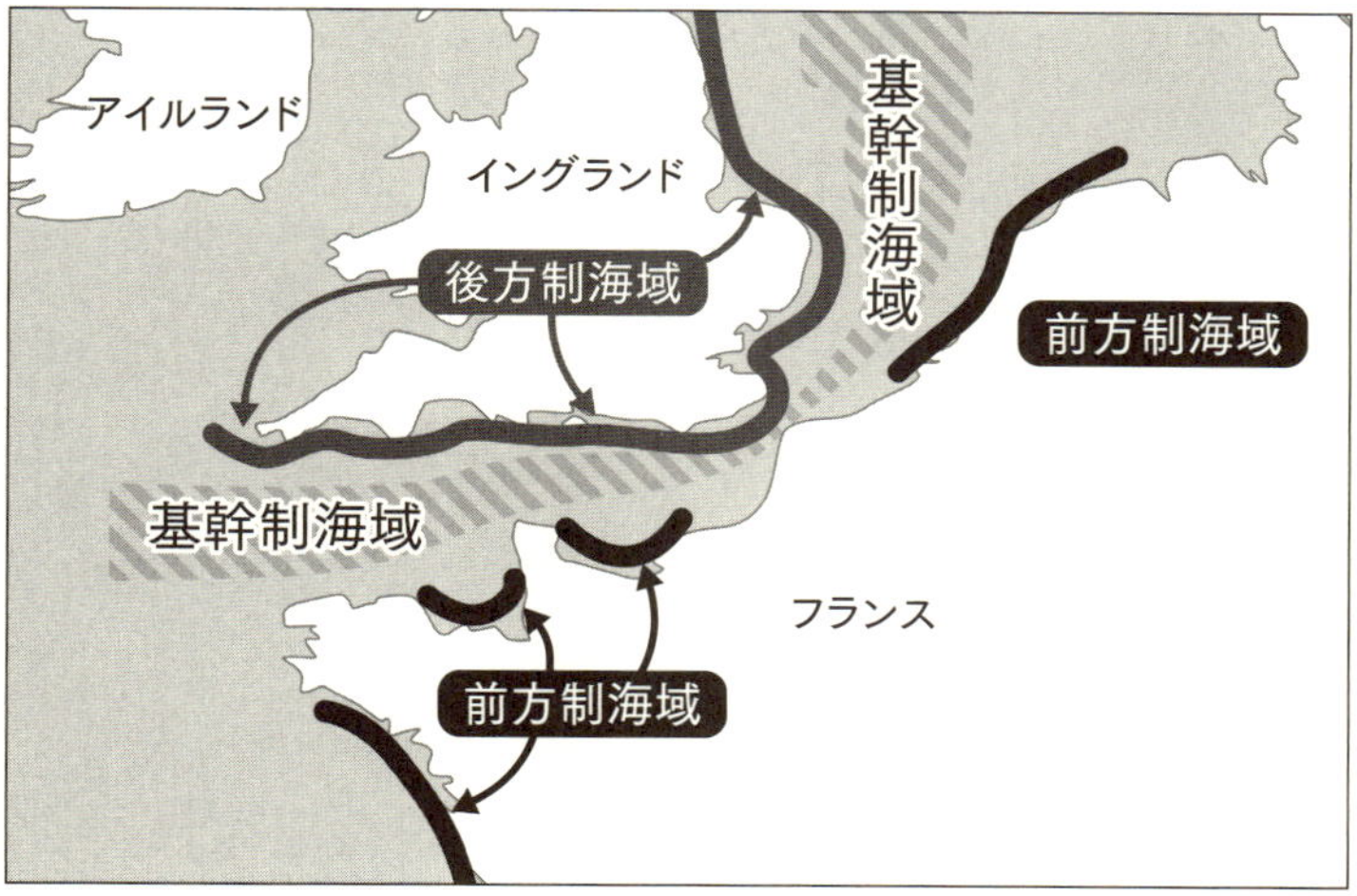

（一）前方制海域：ヨーロッパ大陸の沿岸海域

外敵によるイギリス侵攻の気配を探知したならば、大陸沿岸域に海軍を派遣して敵の軍艦や港湾、それに軍艦建造所などを襲撃し、敵の侵攻能力を叩き潰してしまう。このようにして、物理的に、敵をイギリスへ侵攻できなくしてしまうのである。

（二）基幹制海域：大陸とイギリスの間に横たわる海洋

敵侵攻軍が進発してしまったならば、ビスケー湾、ケルト海、イギリス海峡、それに北海などで敵艦隊を迎撃し、イギリス沿岸海域には近寄らせない。また、アメリカ植民地から大陸諸国への補給を遮断するため、大西洋や地中海でも敵船を捕捉する。

（三）後方制海域：グレートブリテン島沿岸海域

敵がイギリス沿岸海域まで接近してきた場合でも、敵がイギリスの海岸へ上陸することを絶対に阻止するために、軍艦のみならずあらゆる船舶を投入して、敵を海岸に寄せ付けないようにする。同時に、沿岸砲台から敵を砲撃して撃退する。

後方制海域が突破され、敵に上陸侵攻を許してしまった場合は、国防戦に敗北したことを意味する。

イギリスにとり理想的な国防戦は、たとえばオランダがイギリスに侵攻しようとしている情報を探知したならば、直ちにオランダ沿岸海域に軍艦を派遣して準備中のオランダ艦隊に痛撃を加えて、イギリスへの侵攻ができなくしてしまうことであった。

つまり、前方制海域としての敵の沿岸海域まで出撃していって、敵の侵攻戦力を破壊してしまう。イギリスに対する侵攻そのものを物理的にできなくしてしまうのが、イギリスにとっては最善の国防戦ということであった。

ただし、相手側も警戒しているため、前方制海域への襲撃が常に成功するとは限らない。

そこで、多くの場合は基幹制海域が設定された海洋上で、イギリス艦隊とスペイン、フランス、それにオランダなどの艦隊との間で数多くの海戦が戦われることになった。

イギリスにとって、基幹制海域が設定された海洋上で敵戦力を撃退することが必要条件であった。

敵海軍力が優勢で、イギリス艦隊がイギリス沿岸海域まで押しもどされてしまった場合は、沿岸海域に集結した船（軍艦、商船、漁船）と沿岸に設置した砲台が連携して敵艦隊に立ち向かうことになった。

万が一にも、後方制海域が打ち破られてしまった場合は、外敵侵攻部隊のイギリスへの上陸を許すことになる。とはいうものの、あくまで海で決着をつける覚悟を決めていたイギリスは、上陸してきた敵陸上侵攻部隊とイギリス領内で戦闘を繰り広げる「本土決戦」は想定しておらず、「本土決戦」を前提とした強力な陸上戦力は持たなかった。

後方制海域での迎撃戦は、イギリスの国防にとっては最悪に近い事態であり、なんとしてでも基幹制海域で外敵を撃退するように国防態勢を維持することが求められた。そのため、イギリスの国防システムは伝統的に海軍中心となり、強力なロイヤルネイビー（イギリス海軍）が構築されたのである。

一－三－四－二

制海三域の変化

やがてイギリスやオランダ、スペインはそれぞれ競合しながらカリブ海方面（西インド諸島）や北米大陸、南アメリカ大陸、そしてアフリカ全土の沿岸地域へと交易範囲を広げていった。

そして、食糧や燃料の補給拠点を確保するだけでなく植民地を設置するに至った。さらに船舶建造能力や航海技術が進展するに伴い、それらの諸国の海上交易範囲は、南アジアから東南アジア、そして中国沿岸域や日本にまで到達した。

このように、かつては北海や東大西洋それに地中海の沿岸域に限られていたヨーロッパ諸国の海上交易の範囲が、それらの海域から大西洋全域、カリブ海、アラビア海、インド洋、ジャワ海、南シナ海、東シナ海などの沿岸域へと拡大されていったのである。

その結果、海上交易を推し進めていたスペイン、ポルトガル、オランダ、イギリスといった海洋国家は交易市場や補給拠点、それに植民地などの権益を巡って、西インド諸島、アフリカ、南米大陸、北米大陸、南アジア、東南アジアなどのヨーロッパから遠く離れた地でトラブルを起こすことが多くなり、軍事衝突すら珍しくなくなった。

そのため、それらの海洋国家の海軍の任務は、ヨーロッパの本国沿海域の防衛だけではなくなった。

本国と海外交易地を結ぶ海上航路帯で、自国の船が外国船や海賊船に襲撃されないように睨みを利かしたり、海外に設置した補給拠点や軍事拠点、それに植民地などの周辺海域を防衛する、といったように責任海域が格段と広がったのである。

それまではグレートブリテン島に、スペインやオランダの侵攻軍を寄せ付けないことがロイヤルネイビーの最大の責務であった。そのために経験的に生み出されたのが上記の制海三域であった。

しかし、海上交易市場の拡大に伴いロイヤルネイビーはその作戦範囲を拡大させていったのである。

そして、世界中に多数の植民地や前進拠点を確保して勢力が最大となったビクトリア女王時代には、ロイヤルネイビーはまさに世界最強の海軍となっていたのである。これに伴い、主としてグレートブリテン島を防衛するための伝統的な制海三域も、次のように変化した。

（大英帝国）の領域

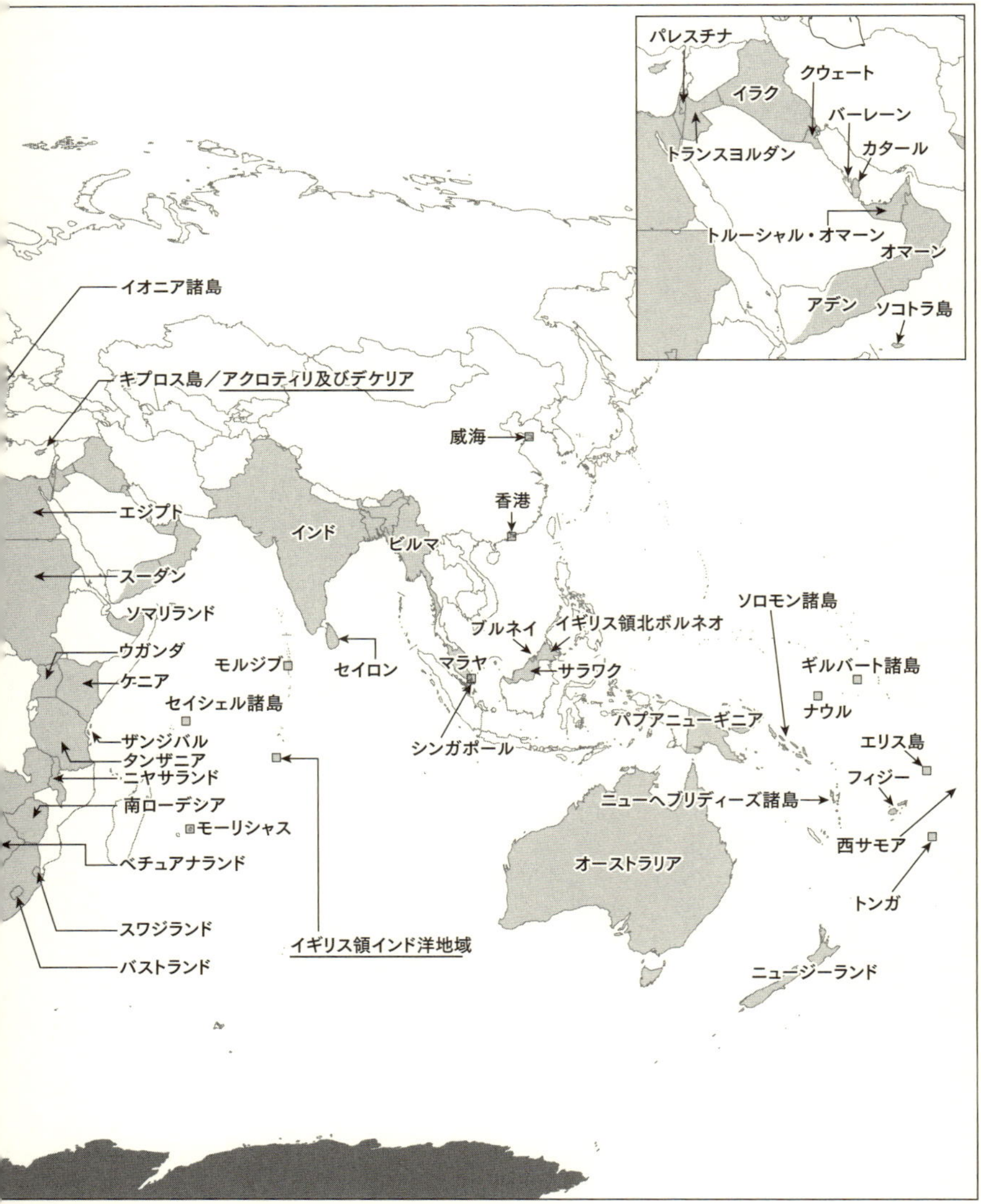

パレスチナ
イラク
クウェート
バーレーン
トランスヨルダン
カタール
トルーシャル・オマーン
オマーン
アデン
ソコトラ島
イオニア諸島
キプロス島／アクロティリ及びデケリア
威海
香港
エジプト
インド
ビルマ
スーダン
ソマリランド
ソロモン諸島
ブルネイ
イギリス領北ボルネオ
ウガンダ
モルジブ
セイロン
マラヤ
サラワク
ギルバート諸島
ケニア
セイシェル諸島
ナウル
パプアニューギニア
ザンジバル
シンガポール
エリス島
タンザニア
ニヤサランド
フィジー
南ローデシア
ニューヘブリディーズ諸島
モーリシャス
西サモア
ベチュアナランド
オーストラリア
トンガ
スワジランド
イギリス領インド洋地域
バストランド
ニュージーランド

1-3-4 ビクトリア女王時代のイギリス

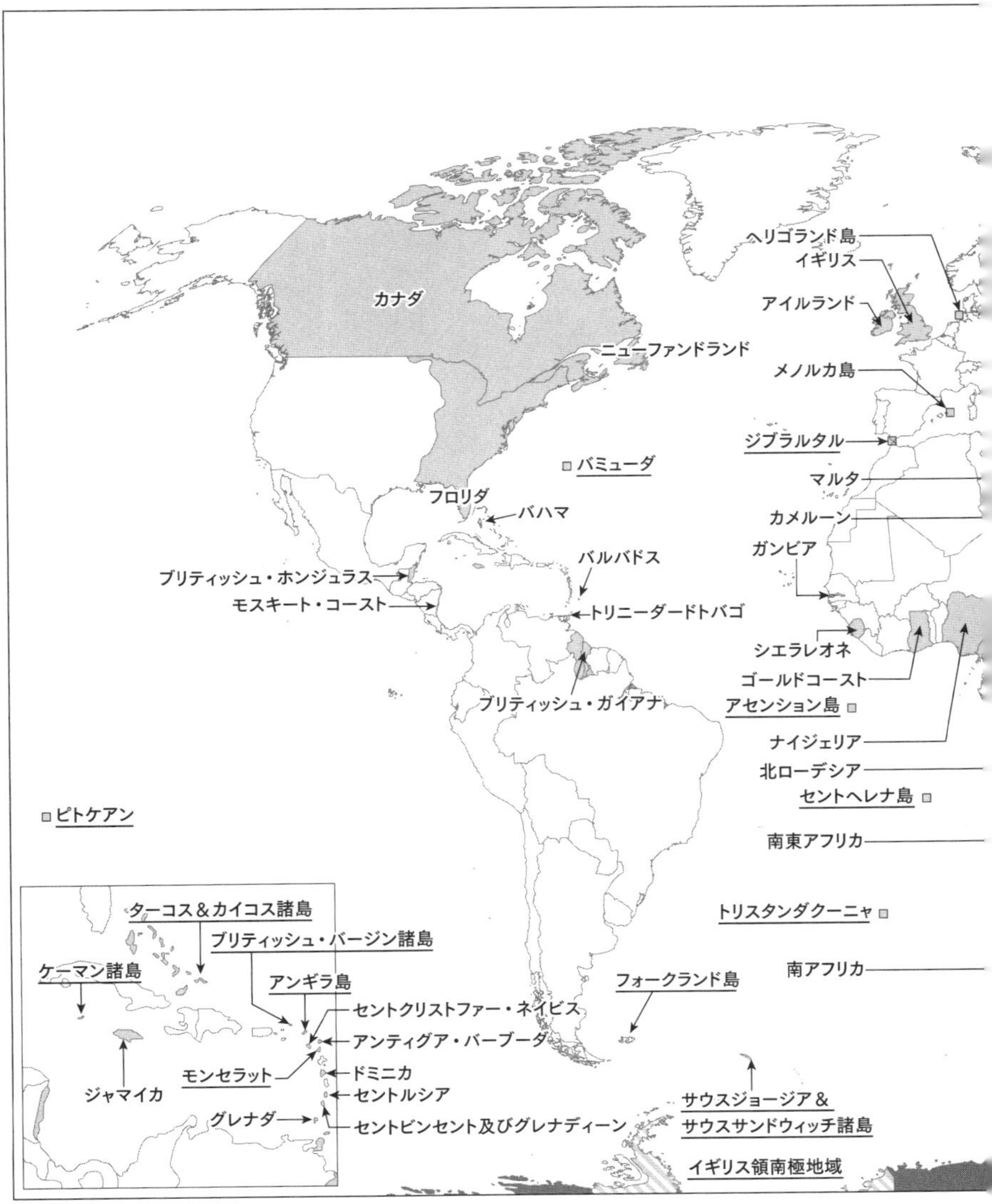

1-3-5 大英帝国の制海三域

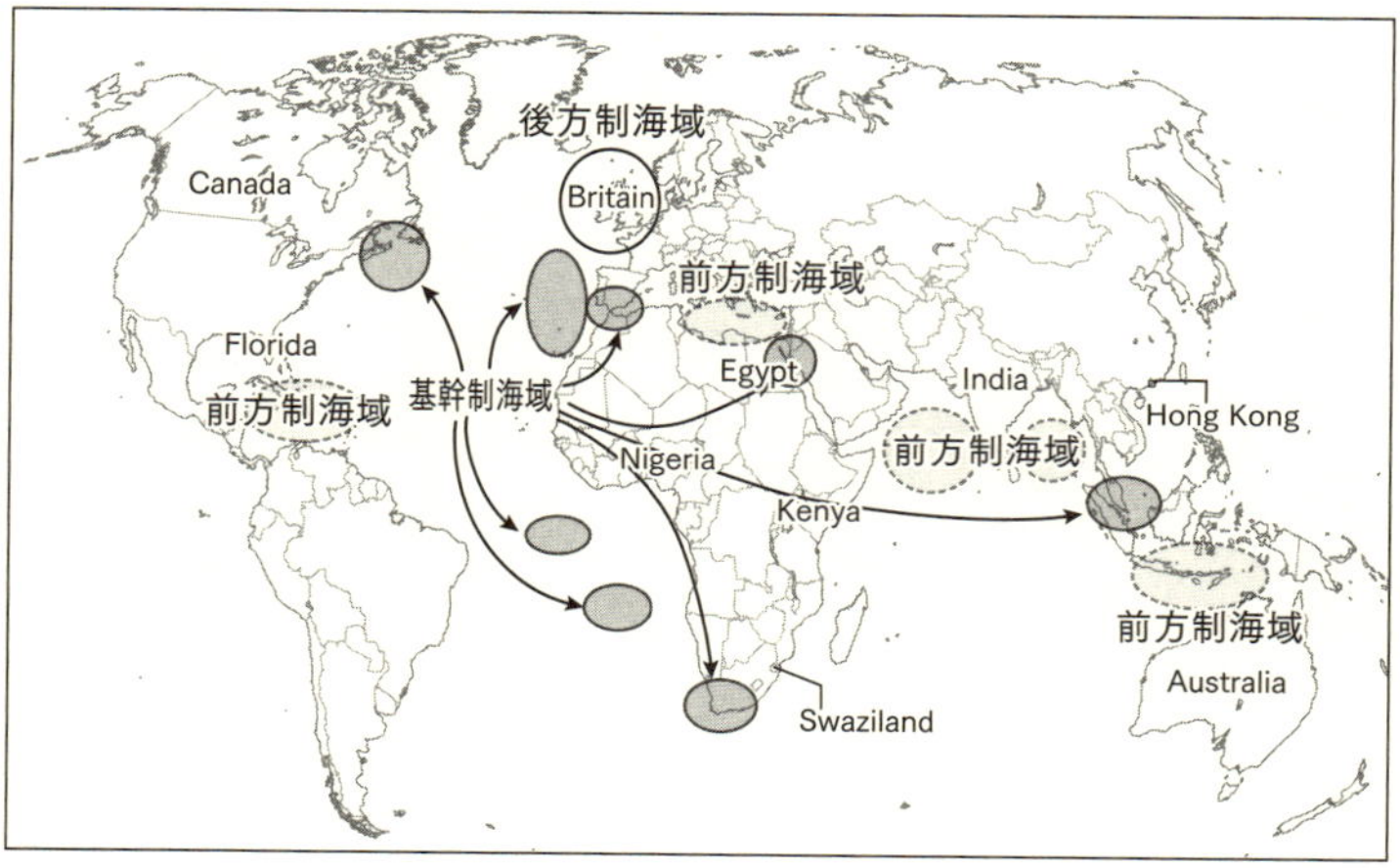

【大英帝国の制海三域】

（一）前方制海域：海外拠点周辺海域

世界各地に獲得した植民地や保護領それに重要貿易拠点などを防衛するため、それらの海外拠点に近接している海域。必要な場合には、植民地をはじめ海外要地に設置した海軍前進拠点から艦隊を出動させて、海上優勢を確保する。

（二）基幹制海域：海上航路帯の要所

目的として、イギリス本国と海外拠点を結ぶ海上航路帯での自国交易船やイギリス海軍艦艇の自由な航行を維持する必要がある。しかし世界中の広大な海洋全域での海上優勢を常に確保することは、現実的には不可能である。

そのため、敵対する相手の海洋戦力の配置状況や海賊の出没状況などに応じて、海洋航路帯の要所を中心に航行の自由を確保する。

（三）後方制海域：沿岸から近海にかけての海域

艦艇や武器の進化により、かつては基幹制海域であったビスケー湾、ケルト海、イギリス海峡、北海、北東大西洋などが、グレートブリテン島周辺沿海域と共に、後方制海域となった。

一－三－五　アメリカに引き継がれた「海洋国家防衛原則」

制海三域とも表現できる方針を土台とする「海洋国家防衛原則」は、イギリスの軍事的伝統を受け継いだアメリカ合衆国にも継承された。

―三―五― 海洋国家への途

アメリカがイギリスから独立した後も、国境を接する北隣のイギリス領北アメリカ（現在のカナダ）は、依然としてイギリスの植民地であり、そのイギリス植民地軍がアメリカに睨みを利かしていた。また、南西隣のスペイン系国家メキシコ（現在のカリフォルニア州をはじめとする西部地域もメキシコ領であった）との間でも、国境を巡って領域紛争が続いていた。

そのためアメリカは、北のイギリス植民地軍と南西部のメキシコ軍に対抗しなければならなかった。したがって、海軍力よりもむしろ強力な陸軍力を必要とした。

一八一二年、イギリスとの間で一八一二年戦争（米英戦争）が勃発した。カナダのイギリス植民地軍を増援するためにイギリス本国から精強な艦隊が派遣された。

アメリカ東海岸沿岸海域での米英海軍間の戦闘では、圧倒的な海軍力を誇ったイギリス側が優勢であった。そして、アメリカ国内の地上戦でもイギリス植民地軍がアメリカ軍を圧迫していった。

1-3-6 米墨戦争当時のアメリカ合衆国領土

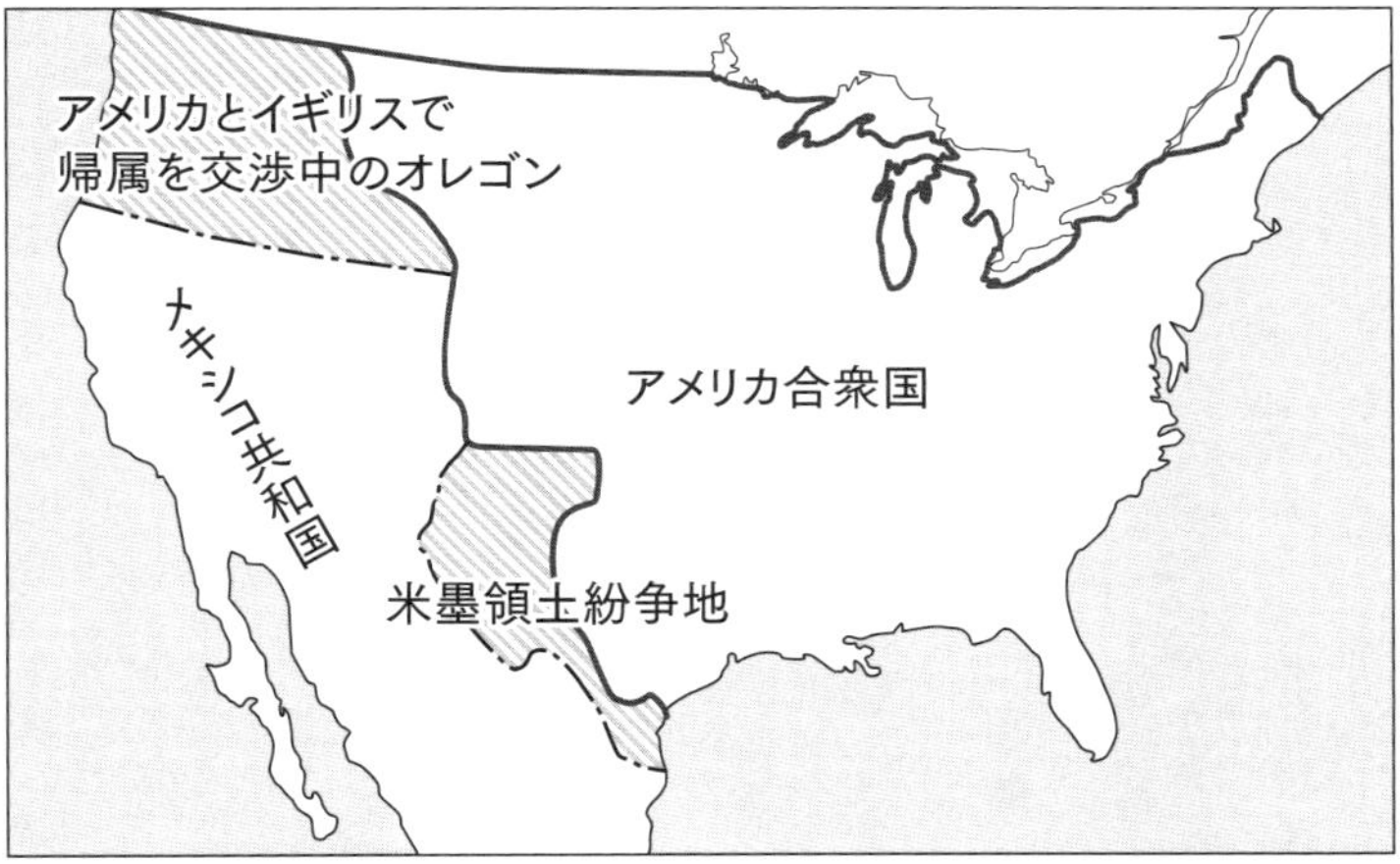

一八一四年八月には、イギリス陸海軍によって首都ワシントンDCまで焼かれてしまった。結局アメリカ全土で戦われた一八一二年戦争は、一八一五年二月に両軍が講和し終結したが、両軍に利用された形となった先住民たちは壊滅的被害を受け、多くの部族が滅亡の危機に瀕した。

一八一二年戦争後、陸軍力と海軍力をともに強化したアメリカは、一八四六年には南西部の国境を確定（領土拡大）するために、メキシコとの戦争（米墨《べいぼく》戦争）に突入した。この戦争で、海兵隊を積載した艦隊を率いてメキシコ東海岸沿岸域の戦闘において数々の勲功を上げたのが、その後日本に遠征してくるペリー准将であった。

二年近くにわたる米墨戦争で勝利を収めた

アメリカは、テキサスからカリフォルニアに至る広大な地域を合衆国領土として編入することをメキシコに認めさせた。

これ以降、アメリカ合衆国と北のイギリス領カナダ、そして南のメキシコとの関係は安定し、陸上国境防衛の必要性は消失していった。つまり、地形的には四面を海で囲まれているわけではないが、アメリカにとって外敵の侵攻に備えねばならないのは東西の海洋だけということになった。

そのため、アメリカは軍事的に島嶼国と考えることができる仮想島嶼国ということになる。したがってアメリカの国防には、大西洋あるいは太平洋を越えて侵攻してくる外敵に主眼をおいた海洋国家の国防戦略が必要ということになった。

一－三－五－二

「海洋国家防衛原則」が定着

このような経緯で一九世紀後半からアメリカの国防戦略はイギリス的な「海洋国家防衛原則」が根幹をなすようになった。すなわち「外敵はできる限り遠方の海洋上で打ち破り、敵戦力は一歩たりともアメリカ東海岸そしてアメリカ西海岸には上陸させない」ことを国

1-3-7 第二次世界大戦前のアメリカの制海三域

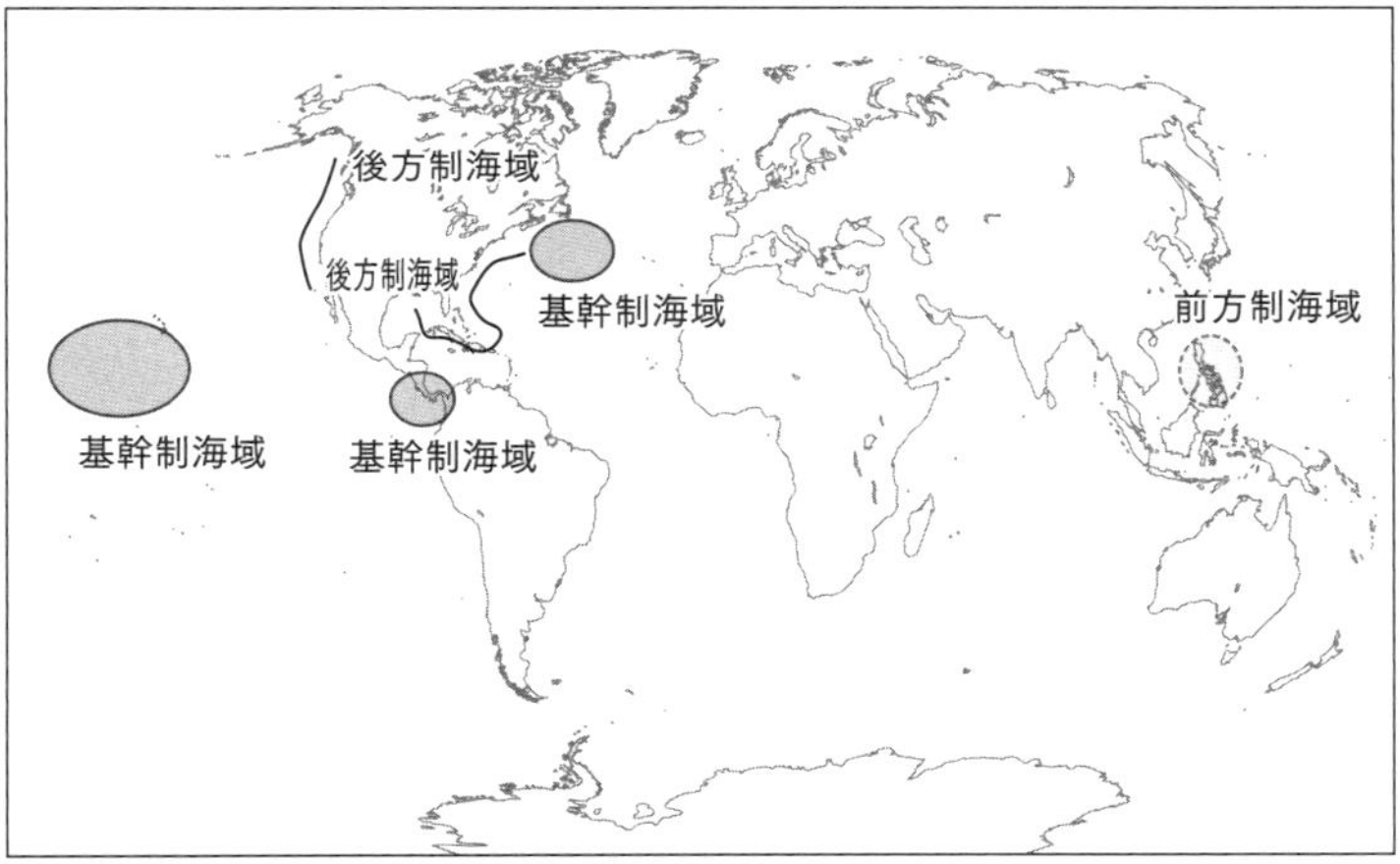

防の大原則に据えた。

ただし、上記のような国家形成過程（ようするにアメリカ大陸での領土拡大過程）と最終的な国家統一に必要であった南北戦争の時期を通して、すでに強大なアメリカ陸軍が出来上がっていたため、国防戦略の基本は「海洋国家防衛原則」ではあったものの、ある程度の大規模な陸軍は維持されていた。

第二次世界大戦に至るまで、アメリカはアメリカ東海岸やアメリカ西海岸まで外敵が迫る事態には直面しなかった。しかし、第二次世界大戦においては、準州であったハワイのアメリカ海軍基地が日本軍の攻撃（真珠湾攻撃）を受け大損害を被った。

同様にアラスカ準州の離島部であったアリューシャン列島のダッチハーバー米海軍基地

も日本軍の空襲を受け、アッツ島とキスカ島には日本軍上陸部隊が侵攻して、初めてアメリカの領土が外敵によって占領されてしまった。

さらに、アメリカの実質的植民地であったフィリピン（フィリピン・コモンウェルス）には日本軍が上陸侵攻した。フィリピン防衛のためにマッカーサーが率いていたアメリカ陸軍中心の防衛軍は壊滅し、フィリピンは日本によって占領された。

このように、本国ではなく準州や準植民地とはいえ、アメリカの統治する領土が日本軍によって占領されてしまった最大の原因は、アリューシャン諸島そしてフィリピンにおいて「海洋国家防衛原則」が蔑ろにされていたからである。

フィリピンには大規模なアメリカ陸軍部隊（すなわち島嶼守備隊）が防衛のために駐屯していた。しかし、強力な大日本帝国海軍に対抗しうる海軍戦力と航空戦力は用意されていなかった。したがって、フィリピン防衛は後方制海域での最終防衛戦どころか、いきなりルソン島での日本上陸侵攻軍との地上戦となってしまったのである。

日本軍に海岸線を難なく踏み越えられたアメリカ軍は、精強な日本侵攻軍に対してアメリカ軍事史上最悪と言われる決定的敗北を喫した。マッカーサー司令官はオーストラリアに逃亡し、多くの将兵が日本軍の捕虜となった。まさに「海洋国家の防衛は海洋で決着を付けねばならない」という「海洋国家防衛原則」を無視した悲惨な結末であった。

一方、ハワイには、ハワイ諸島の島内で戦うための大規模陸軍部隊などは存在しなかった。しかし、ホノルルにアメリカ海軍太平洋艦隊司令部が設置されており、大艦隊が存在していた。

小さな島に強力な太平洋艦隊が集結していたため、ハワイ周辺海域の防備はある程度は固められていた。そのため、日本軍は米海軍基地に対する攻撃は敢行したものの、ハワイ上陸占領などは当初より意図しなかったのだ。ようするに、フィリピン防衛ほどには「海洋国家防衛原則」を蔑ろにしていなかったため、若干の抑止効果が働いたのである。

一―三―五―三　世界最大の海洋国家

第二次世界大戦後も、引き続き海洋国家であるアメリカの国防基本原則は「外敵は可能な限り遠方の海洋上でことごとく打ち破り、一歩たりともアメリカ領域の海岸線を踏み越えさせない」という「海洋国家防衛原則」に完全に立脚している。

第二次大戦中に肥大化したアメリカの海軍力は、世界でも突出したものとなったのに加えて、長距離爆撃機や弾道ミサイルなどの登場に伴い、アメリカの制海三域はアメリカ本土から遥か彼方遠方へと押し出されることとなった。その結果、アメリカ国防戦略が基本的に想定している現在の「制海三域」は、次のようになっている。

現在のアメリカ国防戦略における「制海三域」

（一）前方制海域：紛争地域に近接する海域・敵領域に近接する海域

アメリカの国益に危害を及ぼす可能性のある紛争地域に近接した海域。あるいはアメリカへの軍事攻撃（アメリカ領域に対する侵攻というよりは世界中に展開しているアメリカ軍関係施設に対する攻撃）あるいは同盟国への侵攻を企てる敵の存在を察知した場合、敵侵攻戦力が行動を起こす前に敵地の敵軍に先制攻撃を加え、敵の侵攻能力を撃破してしまうために、航空母艦艦隊や強襲揚陸艦隊を展開させる敵領域に近接した海域。

この海域に可能な限り短時日で艦艇や航空機を送り込むために、米軍が自由に使える前進拠点が必要となる。

（二）基幹制海域：航路帯や航空路の要所とりわけチョークポイント

アメリカ本土あるいは海外に設置した前進拠点から、前方制海域にアメリカ艦隊や航空

1-3-8 現在のアメリカの制海三域（インド太平洋地域）

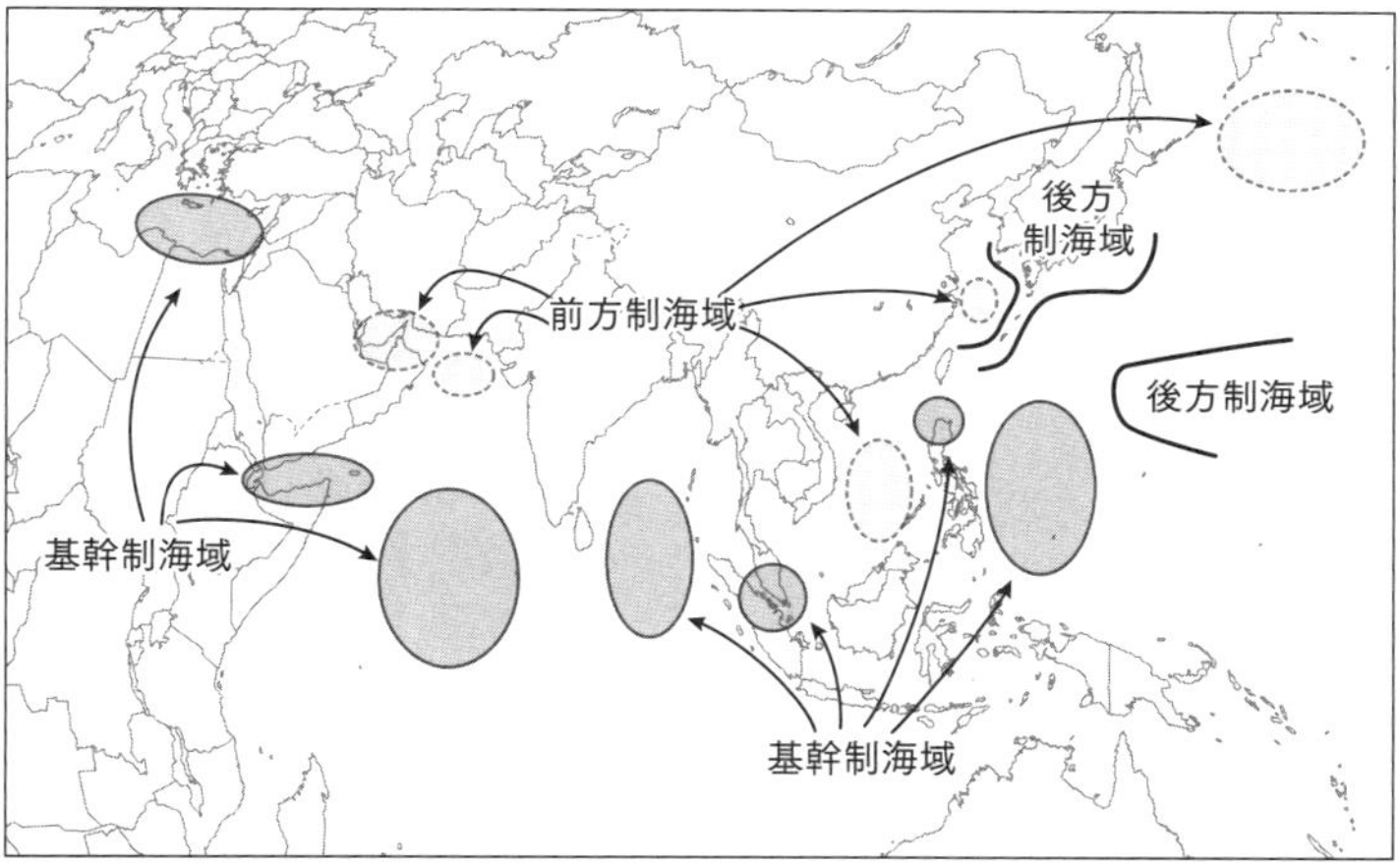

部隊を安全かつ迅速に展開させるために使用する海上航路帯や航空路で、敵対する相手方の戦力配置状況などに応じて、海上優勢や航空優勢を確実に維持することが必要な海域。

とりわけチョークポイントと呼ばれる海域での軍事的優勢は、常時確保できる態勢を整えておく必要がある。

(三) 後方制海域：海外重要拠点周辺海域

理論的にはアメリカ本土沿海域（東太平洋・西大西洋・カリブ海）やハワイ周辺海域、それにアラスカ沿海域（北極海、ベーリング海峡、北太平洋、北大西洋）すなわちアメリカ領域沿海域が、最後に外敵の侵攻を食い止める後方制海域ということになる。

しかし、実際には、海外に点在させている

重要海軍施設と重要航空施設と近接している海域が後方制海域と考えられている。すなわちアメリカは、敵海洋戦力をアメリカ本土から遥かに遠方の海洋上で撃破する態勢を維持しているのである。

一－三－五－四 前方制海域と海外前進拠点

先制攻撃によって敵の対米攻撃能力を事前に破壊してしまうという方針は、かつてイギリス海軍がスペインやフランスの造船施設や港湾都市を襲撃したように「そもそも外敵が保持しているアメリカ攻撃能力を叩き潰してしまえば絶対に外敵によるアメリカ攻撃は不可能となる」という考えに基づいている。

場合によっては、敵の海岸線から内陸の敵領土内に攻め込んで、敵のアメリカ攻撃の芽を摘んでしまうという方針がアメリカの前方制海域には含まれている。したがって「制海」といっても敵地に侵攻しての地上戦闘をも想定しているため、海軍と共に活動する海兵隊もアメリカ海洋軍事力にとって重要な位置づけがなされている。

いずれにせよ、アメリカ海洋戦力（海軍、海兵隊、空軍）は、世界中の紛争地域やアメ

1-3-9 米海軍戦略環境

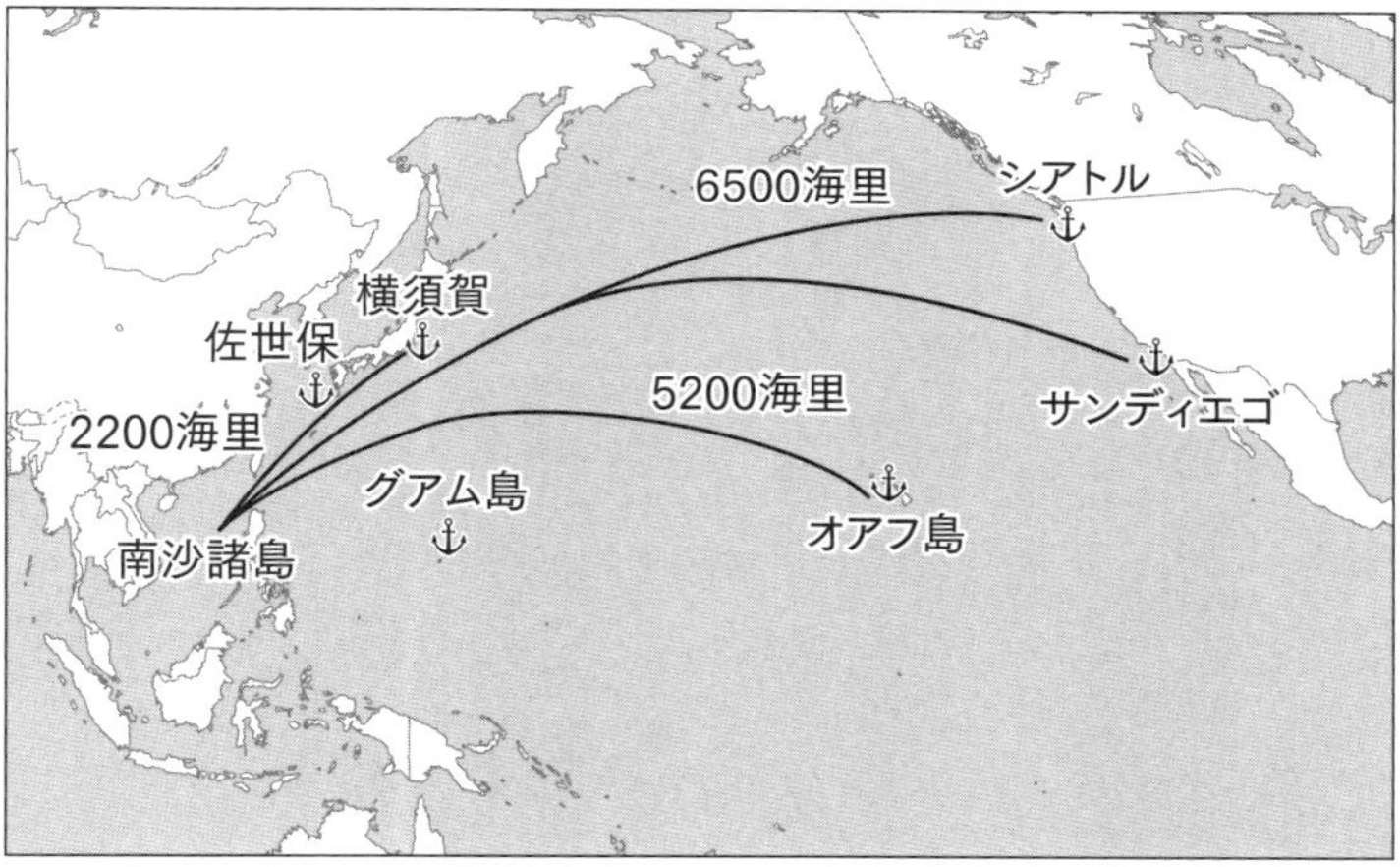

リカとその同盟国に敵対する勢力が支配する地域に近接した海域に、航空母艦艦隊（現在米海軍では空母打撃群と呼称している）や強襲揚陸艦隊（現在、米海軍では遠征打撃群と呼称している）を緊急展開させる態勢を固めている。

そのためには、常にアメリカ本土の海軍基地から艦艇や艦隊を出動させていたのでは時間がかかりすぎる。そこで、アメリカ本土から太平洋や大西洋を渡った先に海軍の拠点を確保しておき、かなりの時間短縮を図る態勢を整えた。

たとえばイラン沖海域に空母艦隊が緊急展開する場合には、米西海岸から出動すると一万五〇〇〇海里ほどになり、ハワイのパールハーバーから出動した場合でも九〇〇〇海里以上の距離を急行しなければならない。ところが、米海軍が本拠地を保持している横須賀から出動すると六〇〇〇海里強となり、パールハーバーからの三分の二の時間で展開できることになる。

もし、南シナ海の南沙諸島周辺海域に急行する事態が生じた場合、ワシントン州シアトル郊外の軍港からの場合、六五〇〇海里、ハワイ州オアフ島のパールハーバーからだと五二〇〇海里、そして横須賀からならば二二〇〇海里ということになる。

また、空軍でもアメリカ本土から爆撃機を発進させて、イラクやアフガニスタンを空爆させアメリカ本土に帰還させると連続四〇時間近いフライトが必要となる。実際、このような作戦を実施することもあるが、航空機の場合も海外に前進拠点を確保しておけば、緊急展開時間の短縮は計り知れないものがある。

しかし、アメリカの友好国はもとより同盟国といえども、アメリカの海軍基地や航空基地を自国領土内に永続的に設置させるのは（日本は数少ない例外であるが）、極めて躊躇する。オーストラリアなどは外国軍隊がオーストラリア領土内に長期間にわたって駐留を続けることを憲法で禁止している。そのため、アメリカ軍がオーストラリア国内に海軍基地や航空基地を設置することは不可能だ。

オーストラリアのみならず、多くの国々では、外国の軍隊が戦闘機や爆撃機を自国内か

1−3−10 アメリカ航空戦力海外前進拠点

空軍	嘉手納空軍基地	日本	
空軍	三沢空軍基地	日本	自衛隊と共用
空軍	横田空軍基地	日本	自衛隊と共用
海軍	厚木海軍飛行場	日本	自衛隊と共用
海軍	三沢海軍飛行場	日本	自衛隊と共用
海兵隊	岩国航空基地	日本	自衛隊と共用
海兵隊	普天間航空基地	日本	
空軍	群山空軍基地	韓国	
空軍	烏山空軍基地	韓国	
空軍	レイクンヒース空軍基地	イギリス	
空軍	ミルデンホール空軍基地	イギリス	
空軍	フェルトウェル空軍基地	イギリス	
空軍	クロートン空軍基地	イギリス	
空軍	ラムシュタイン空軍基地	ドイツ	
空軍	シュパングダーレム空軍基地	ドイツ	
空軍	ガイレンキルヒェン航空基地	ドイツ	NATO軍基地
空軍	モロン空軍基地	スペイン	
空軍	アヴィアーノ空軍基地	イタリア	
海軍	シゴネラ海軍航空基地	イタリア	
空軍	インジルリク空軍基地	トルコ	
空軍	マナス空軍基地	キルギス	
海軍	ムハッラク飛行場	バーレーン	
空軍	ラジェス空軍基地	アゾレス諸島	ポルトガル領
空軍	ディエゴガルシア海軍支援基地	ディエゴガルシア環礁	イギリスから貸与

1-3-11 アメリカ海軍海外前進拠点

太平洋	横須賀海軍基地	日本	第7艦隊 本拠地
東シナ海	佐世保海軍基地	日本	
東シナ海	ホワイトビーチ海軍施設	日本	
太平洋	厚木海軍飛行場	日本	自衛隊と共用
太平洋	三沢海軍飛行場	日本	自衛隊と共用
瀬戸内海	岩国航空基地	日本	海兵隊基地に 同居
日本海	鎮海支援施設	韓国	
大西洋	ロタ海軍基地	スペイン	
地中海	ナポリ海軍基地	イタリア	第6艦隊 本拠地
地中海	シゴネラ海軍航空基地	イタリア	
地中海	ソウダベイ海軍基地	クレタ島 （ギリシャ）	NATO海軍 基地
アラビア海	キャンプ・レモニエ	ジブチ	軍港ではない
ペルシア湾	バーレーン海軍基地	バーレーン	第5艦隊 本拠地
ペルシア湾	クウェート海軍基地	クウェート	米沿岸警備隊 と共用
カリブ海	グアンタナモベイ海軍基地	キューバ	
インド洋	ディエゴガルシア海軍 支援基地	ディエゴガル シア環礁	イギリスから 貸与

ら発着させることを極めて警戒している。そのため、アメリカ航空戦力の海外航空施設は限定的にならざるを得ない状況である。

また、海軍基地の場合でも、空母や駆逐艦といった軍艦のメンテナンスや修理を実施できる技術力を持った国でなければ前進拠点を設置することはできない。そのような技術を有さない地点にどうしても拠点を設置したい場合は、莫大な資金を投入してアメリカ自身で本格的な軍港やメンテナンス施設を建設し運用しなければならない。そのため、理想の地点にできるだけ多数の前進海軍拠点を設置することも困難な状況と言わざるを得ない。

一―三―五―五　チョークポイント

世界中の軍事紛争に出動する可能性を常に有しているアメリカ海軍は、断続的にアメリカ本土あるいは海外に確保してある前進拠点から紛争地域に近接した前方制海域に空母打撃群や、遠征打撃群、それに単艦や小規模編成の駆逐艦などを緊急展開させている。

そのように展開してくるアメリカ艦隊を妨害する側にとって、最も効率が良い妨害・迎撃地点がある。それは、米艦隊が必ず通り抜けねばならない海峡部であり、そのような地点はチョークポイントと呼ばれている。

チョークポイントは、海軍艦艇が通過する際の迎撃地点になるだけでなく、タンカーや貨物船など海上交易に従事する船舶にとっても必ず通過しなければならない地点である。そのため、チョークポイント周辺海域は海賊やテロリストなどにとっても格好の襲撃地点となっている。

したがって、戦時に際して急行する米艦隊の安全を確保するだけでなく、平時においても海上交通秩序の根幹である航行の自由を確保するためにも、常にアメリカ海軍は、世界中のチョークポイント周辺海域での軍事的優勢を手にしておく努力を重ねている。以下、世界のチョークポイントを紹介しておこう。


【ジブラルタル海峡・ダーダネルス海峡・ボスポラス海峡】


古来よりヨーロッパの海洋国家にとって、大西洋から地中海への入り口となっているジブラルタル海峡、ならびに地中海（エーゲ海）と黒海を繋いでいるダーダネルス海峡とボスポラス海峡は、チョークポイントとして海上交通そして軍事の要衝であった。

現在もイギリスは、かつてスペインから奪取したジブラルタル海峡北岸地点を海外領土（イギリス領土の飛び地であって植民地や租借地ではない）としている。そして、海軍基地と空軍基地、それに守備隊（ロイヤル・ジブラルタル連隊）が常駐している。

一方、ジブラルタル海峡南岸地域はスペインの植民地であったが、モロッコ独立と共にモロッコ領となった。しかし、ジブラルタル海峡北岸に対峙する部分はスペイン領セウタとして残されており、ジブラルタル海峡を挟んでイギリス軍とスペイン軍が向かい合っている状況が続いている。

【スエズ運河・バブエルマンデブ海峡】

人間の手により造り出されたチョークポイントがある。スエズ運河とパナマ運河である。

スエズ運河が開通するまでは、ヨーロッパからインド方面に達するために、アフリカ西岸の大西洋を南下してアフリカ南端の喜望峰沖をインド洋に回り込み、その後、インド洋を北上しなければならなかった。

しかし、スエズ運河が開通し地中海と紅海が繋がれたため、喜望峰回りという大航海は必要なくなった。ただし、紅海とアラビア海（北部インド洋）を隔てているバブエルマンデブ海峡もスエズ運河を通航する艦船にとっては、等しくチョークポイントとして要衝となったのである。

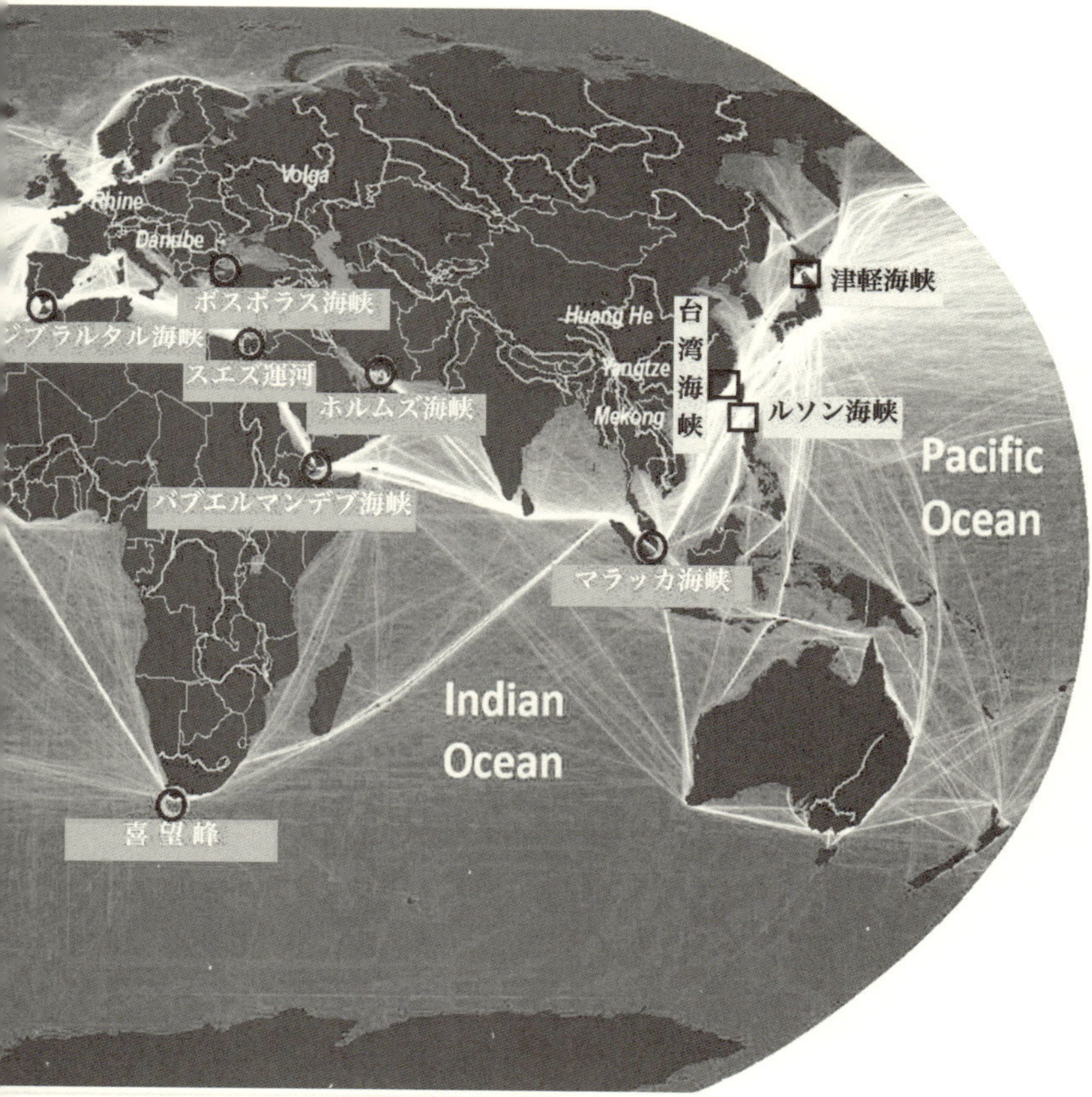

Volga
Rhine
Danube
ボスポラス海峡
ジブラルタル海峡
スエズ運河
ホルムズ海峡
バブエルマンデブ海峡
Huang He
Yangtze
Mekong
台湾海峡
津軽海峡
ルソン海峡
Pacific Ocean
マラッカ海峡
Indian Ocean
喜望峰

1-3-12 海上航路帯とチョークポイント

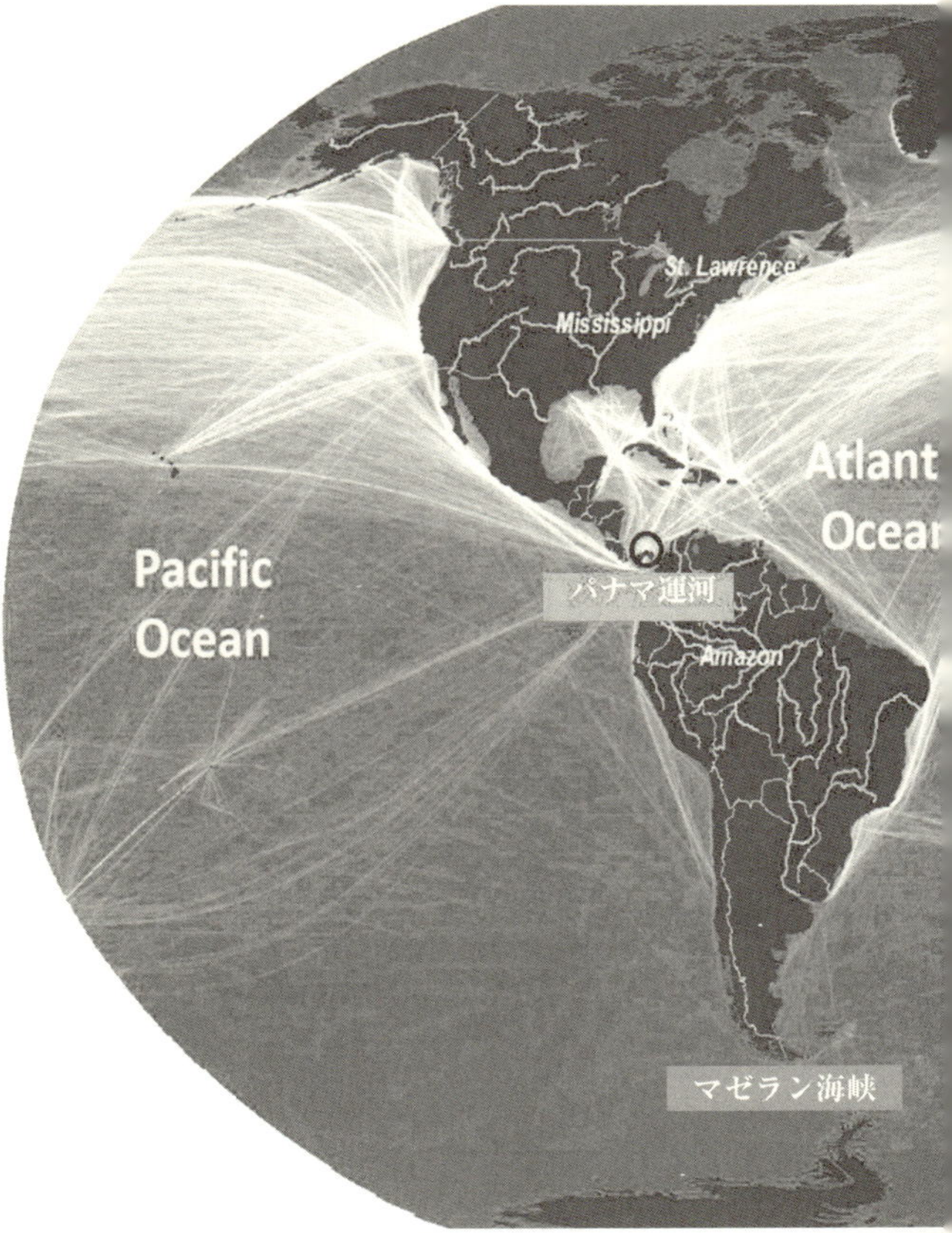

【パナマ運河・マゼラン海峡】

パナマ運河も、それまで大西洋側と太平洋側を結ぶ海上交通は南アメリカ大陸の南端のホーン岬沖、あるいはその内側に当たるマゼラン海峡を回り込まねばならなかった。それは、時間だけでなく極めて危険な航海を強いられる。

現在もマゼラン海峡はチョークポイントとなっているが、その重要性はパナマ運河に大きく移行している。

カリブ海と太平洋を直接結ぶパナマ運河が開通したことにより、太平洋と大西洋の海上交通は大幅な時間短縮となり、安全性が飛躍的に高まった。この事情は海上交易船舶のみならず、大西洋側と太平洋側に海軍戦力を分散させておかなければならないアメリカ海軍にとっては、この上もない戦力強化に繋がっている。

永らくパナマ運河両岸地帯はアメリカの租借地となっていて、アメリカの重要軍事拠点となっていた。しかし、パナマ政府とアメリカ政府の間での一〇年近くにわたる返還交渉の末、一九七七年、パナマ運河を公海同様の航行の自由が完全に保障される国際運河であることをパナマ政府が確約するのと引き換えに、アメリカが段階的に主権をパナマに返還することが決定された。一九九九年末をもってアメリカ軍は完全に撤収し、パナマ運河と両岸地域はパナマの完全な主権下に返還された。

【ホルムズ海峡】

ペルシア湾岸諸国で産出される原油の重要性が増すに従い、ペルシア湾からインド洋（オマーン湾）に抜け出る口にあたるホルムズ海峡のチョークポイントとしての重要性が飛躍的に高まった。

ホルムズ海峡の北岸は今やアメリカ最大の天敵の一つとなっているイランであり、その南岸はオマーンである。オマーンはイランとは良好な関係を維持しているが、アメリカとも敵対しているわけではない。

現在、毎日莫大な量の原油を積載した多数のタンカーが中国、インド、日本、韓国、そしてアメリカへとホルムズ海峡を通航している。

このような状態の中、もし、アメリカがイランを軍事攻撃した場合には、ホルムズ海峡を通過するアメリカ側のタンカーの通航を遮断する態勢をイラン軍は固めている。そのため、それに対抗してアメリカも第五艦隊司令部をホルムズ海峡直近のバーレーンに設置して、常に海洋戦力の緊急対処態勢を保持している。

イランとアメリカの対立と並行して、ホルムズ海峡周辺海域とりわけオマーン湾では、海賊やテロリストによるタンカーや商船に対する襲撃も頻発しており、ホルムズ海峡は、

1-3-13 ペルシア湾戦略環境

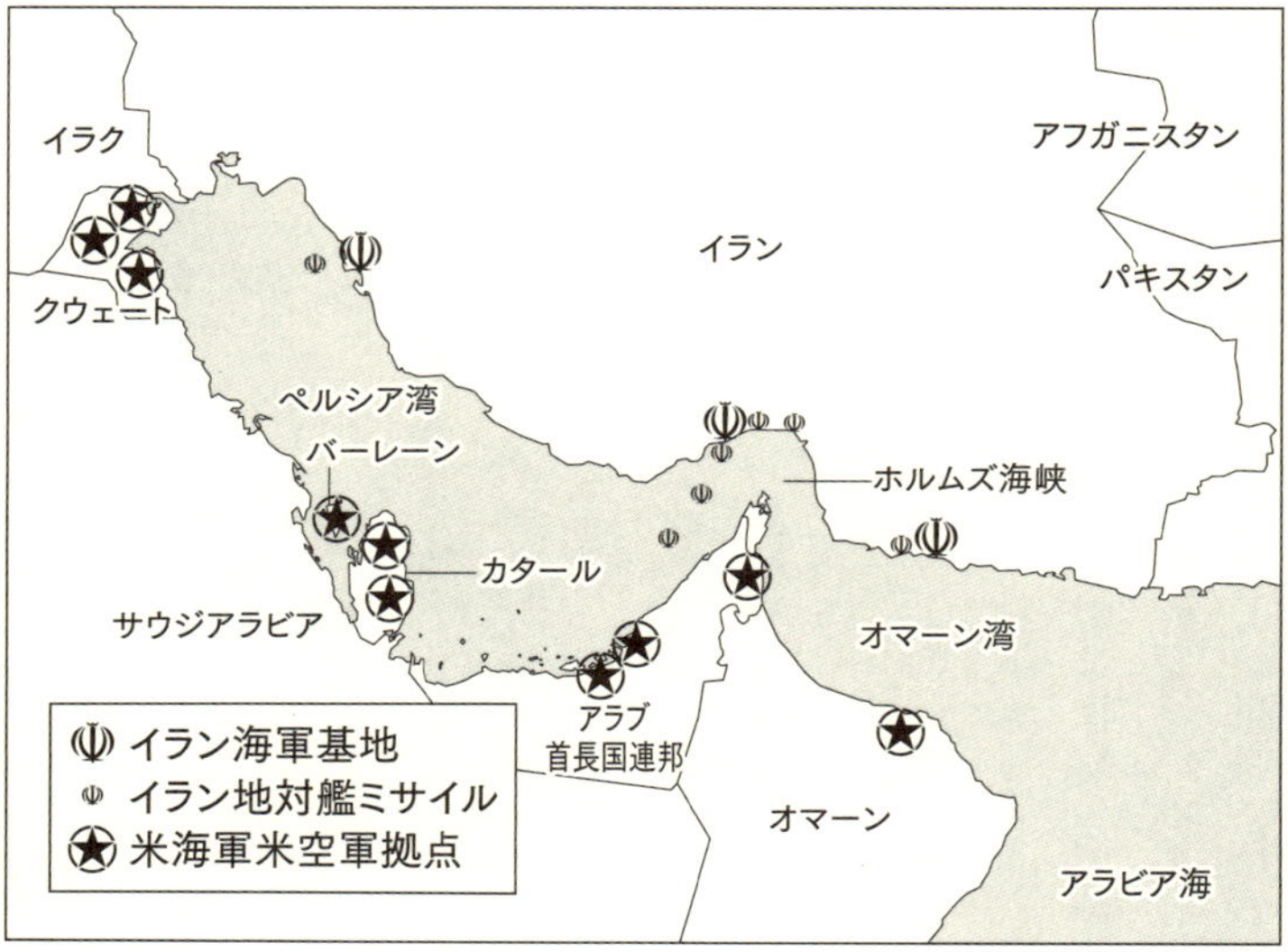

まさに世界でも最も危険なチョークポイントと考えられている。

【マラッカ海峡】

中東方面から原油や天然ガスなどを積載したタンカーが、日本や中国をはじめとする東アジア諸国に向かう場合や、東アジア諸国と南アジア、中東、ヨーロッパ、そしてアフリカ諸国との海上交易に従事する様々な商船の大半が通過しなくてはならないのがマレー半島（マレーシア）とスマトラ島（インドネシア）の間に横たわる長大なマラッカ海峡である。

ここは古くから海賊が出没する危険な海峡であったが、現在でも海賊やテを「国連海洋法条約を無視した中国による自分勝手な一方的主張である」と抗議し、「中国が建設した人工島は国連海洋法条約の規定では中国の領土にはならない」と中国を牽制した。しかし、それらの主張は、「国連海洋法条約」が制定される以前から存在する九段線という伝統的概念を振りかざす中国にとって、まさに暖簾《のれん》に腕押しなのである。

中国当局にとって、国連海洋法条約といってもアメリカやイギリス、広くは西欧諸国が作り出してきたルールを国際社会に押しつけたものであり、国際社会全体の価値観を代表している自然法ではない、ということになる。

このように、中国政府は、「航行の自由」に代表される国際海洋法秩序といってもアメリカの価値観にすぎず、中国がアメリカの言いなりになる理由はない、という立場を貫いている。そうである以上、〝国際海洋法秩序〟を巡っての米中対立は極めて根が深く、その解決は困難極まるものとならざるを得ないといえよう。

ロリストの危険が高い。また、軍事的にも南シナ海とインド洋の最短航路となっているため、シンガポールに小規模ながらも軍事拠点を借用しているアメリカ海軍は、常時マラッカ海峡上空に海洋哨戒機を展開させて、周辺海域の監視に余念がない。

【台湾海峡、バシー海峡、バリンタン海峡】

南シナ海と東シナ海そして南シナ海と西太平洋（フィリピン海）を隔てる要所に位置しているのが台湾であり、台湾と中国大陸の間に横たわっているのが台湾海峡である。そして、台湾とフィリピンの間の海域がルソン海峡と呼ばれている。ルソン海峡の中程に点在するバタン諸島を境に、台湾寄りはバシー海峡、フィリピン寄りはバリンタン海峡と呼ばれている。

これらの海峡は南シナ海から日本や韓国そしてロシアなどとの航路帯となっているだけでなく、さらにその先の太平洋を越えてアメリカとカナダの西海岸に向かう最短コースのチョークポイントとなっている。

ただし、台湾海峡は台湾と中国が軍事的緊張状態にある。そのため、それら両国、そして米中の軍事的緊張が高まった際には、台湾やアメリカ側の艦船は中国軍の攻撃を受ける可能性が高く実質的に通航はできなくなる。

1-3-14 日本周辺のチョークポイント

第二次世界大戦末期においては、バシー海峡やバリンタン海峡を通航しようとした多数の日本貨物船などがアメリカ潜水艦の待ち伏せ攻撃によって沈められ、海の墓場と呼ばれた。そのような軍事的チョークポイントとしての位置づけは現在も変わっていない。

万一、南シナ海で米中海軍が衝突した際には、日本やグアム、そしてハワイから南シナ海に急行する米海軍艦艇はバシー海峡あるいはバリンタン海峡を通過しなければならないため、中国軍にとっては絶好の攻撃ポイントとなる。

【日本周辺の海峡】

ベトナムや中国大陸沿岸に点在する貿易港、それに韓国などと、カナダとアメリカの西海岸を結ぶ最短航路は、日本海あるいは日本沿海の西太平洋から北太平洋を北米大陸に向かう航路である。このルートを利用するには南西諸島を横切る海峡部、対馬海峡、そして津軽海峡を通過する必要がある。そのため、それらの日本列島周辺に位置する海峡部は、海上交易にとっても軍事的にも重要なチョークポイントとなっている。

とりわけ対馬海峡東水道、津軽海峡、大隅海峡は、海峡全域が日本領海の一二海里内に組み込まれてしまう。すると、ここを通過する核兵器を搭載したアメリカ海軍艦艇が日本政府の非核三原則に抵触してしまう。そのため、これら三海峡に対馬海峡西水道（対岸は韓国）と宗谷海峡（対岸はロシア）を加えた五つの海峡部についてのみ領海幅を三海里とする特別の規定を設けた。

そのため、これらのチョークポイントとしての日本周辺の海峡の中央部は公海となっており、あらゆる国の商船にも軍艦にも完全な航行の自由が保障されている。

一―三―五―六
アメリカに巨大陸軍が存在する理由

「海洋国家防衛原則」によると、外敵は海洋で撃退してしまうため、国内での本格的な地上防衛戦は想定されない。したがって、この鉄則に立脚しているアメリカには強大な陸軍は必要ないことになる。

実際にアメリカ国防当局は、隣国メキシコとカナダから軍事侵攻がなされることを全く想定しておらず、そのような軍事的準備はしていない。また、太平洋と大西洋を越えて接近せざるを得ない外敵海洋戦力に対しては制海三域を維持するための精強な海軍と空軍を保持しているが、それらの外敵が上陸侵攻しアメリカ領域内で〝本土決戦〟が戦われる事態は想定していない。

しかし、現在のアメリカ陸軍は、兵力およそ五〇万で州軍将兵と予備役将兵を合わせた総兵力は一〇〇万ほどになり、主力戦車もおよそ六千輌といった具合に、極めて強大な戦力を維持している。

アメリカ本土での地上戦を想定していないにもかかわらず、アメリカが質量共に強力な陸軍を維持しているのは、前方制海域である敵の沿岸域よりもさらに向こう側の敵領土内で、アメリカ防衛戦の決着をつけようとしているからである。

実際に、湾岸戦争やイラク戦争ではイラク領内に攻め込みアメリカの国益に対する軍事的脅威を敵国領内で叩き潰してしまった。そのため、アメリカ陸軍は外国に派遣されて各種作戦を遂行することを前提として編成され、訓練が施されている。

BOOK・OFF
ウルトラセール
本が全品
20%オフ!
110円の本も、どんなジャンルも。
※110円(税込)の本、セットコミックもセール対象となります。※新品本はセール対象外となります。
※ブックオフ公式オンラインストアやアプリからご注文いただいた商品はセール対象外となります。
※開催日は店舗の営業日に準じます。また、年末年始は通常の営業時間とは異なりますので、詳しくは店舗までお問い合わせください。※当セールは、予告なく変更・中止をする場合がございます。
2024.
1.1(月)〜4(木)

この他、アメリカに直接的な軍事脅威を与えない軍事紛争にも、アメリカの国益を維持するために軍隊を送り込む。いわば外交のツールであるが、陸軍はこのような役割を果たすためにも頻繁に出動している。

このような理由に基づき、自国領土の防衛のためには強大すぎる陸軍力が、アメリカの国益の伸長と維持のために保持されているのである。

一－三－六　現代の日本と「海洋国家防衛原則」

「海洋国家防衛原則」を生み出したイギリスではもちろんのこと、仮想島嶼国であるアメリカでも「外敵は海洋上で撃破し、一歩たりとも海岸線を踏ませない」という鉄則を遵守すべく制海三域を海洋上に設定して国防態勢の整備に努めている。

日本では、明治期に近代海軍を発足させるにあたって、イギリス海軍から多くを取り入れ大日本帝国海軍を誕生させ育成した。そして第二次世界大戦後、新たに発足した海上自衛隊は、大日本帝国海軍の伝統を受け継ぐだけでなく日本に前進拠点を確保し続けているアメリカ海軍の大きな影響を受けながら、今日に至っている。

このように現在の日本は、地形的には完全な島嶼国であり、海洋国家であるイギリスとアメリカの強い影響を受けている海洋軍事力を保持しているわけである。そんな、現在の日本では「海洋国家防衛原則」そして「制海三域」をどのような形で受け継いでいるのであろうか。

「海洋国家防衛原則」に則った国防方針を採用すると、海洋上で敵を撃破するための戦力(海軍戦力ならびに航空戦力)が主たる迎撃戦力とみなされ、陸上戦力は理論的には副次的戦力とみなされることになる。航空戦力が独立しておらず海軍と陸軍しか存在しなかった時代には、「海洋国家防衛原則」はもっと単純に海軍優先主義、海軍第一主義、海主陸従主義などとみなされていた。

そのため、「海洋国家防衛原則」を陸軍陣営が忌み嫌うのは自然の成り行きであった。それは、海軍と陸軍の対立の原因ともなり、それによって国防方針を誤ってしまうこともあった。

このような事情はどの国でも似通っており海軍と陸軍は仲が悪いのは通り相場ともいえる。ただし、そのような対立が極めて激しかったのが、日露戦争後から対米英戦争に敗北するまでのおよそ四〇年間の日本であった。

日露戦争の教訓をもとにして海軍大臣、山本権兵衛の懐刀であった海軍戦略家、佐藤鉄太郎（日露戦争時は大佐、のち中将で退役）を中心とする海軍将校たちは「日本の防衛は海洋で外敵を撃破することを中心に据えるべきであり、そのためには海軍力を主体に整備しなければならない」という主張をした。

しかし、「海洋国家防衛原則」に根ざしたまさに「海主陸従」の国防戦略が海軍側から提起されたため、陸軍側の猛反発を買うことになってしまった。そして、戦略論争ではなく、感情的な陸海軍の勢力争いの原因の一つへと矮小化されてしまったのだ。それだけではなく、朝鮮半島や中国大陸へ進出しようと考える大陸侵出論勢力にとっても、中国大陸での戦闘で主力となる陸軍力を制約するような「海洋国家防衛原則」は最も忌み嫌うべき主張と認識されたのである。

結局、大陸侵出を画策する資本家や政治家が陸軍陣営と結束して、佐藤鉄太郎を中心とする海軍戦略家たちによって唱えられた「海軍が主体となっての国防戦略」を、徹底的に攻撃し排斥するに至った。そして、陸軍首脳部と海軍首脳部は互いに牽制し合いながら自らの勢力を拡張することに血道を上げたため、日本の海軍力は日本防衛にとって必要な戦力レベルに到達することはできなかった。

最終的には、第二次世界大戦において大日本帝国海軍は壊滅してしまい、日本は連合軍に占領されてしまったのだ。

第二次世界大戦での手痛い敗北から四半世紀以上も経過した現在においても、日本の国防システムは、日本自身の経験も含めた古今東西の戦例からの教訓や軍事理論をしっかりと反映させているとはいえない。なぜなら、相変わらず陸上自衛隊と海上自衛隊、それに航空自衛隊が互いに牽制しながらバランスを取りあっているという、かつての大日本帝国海軍と大日本帝国陸軍のような状態が続いているからである。

陸海の対立という世界中の軍事組織で見受けることができる対立以外にも、現在の日本に特有の事情が「海洋国家防衛原則」を排除せざるを得ない状況を生み出している。それは憲法第九条やそれから誕生した専守防衛思想である。

専守防衛思想が国会や政府も含めた日本社会に幅広く浸透してしまっているため「外敵が自衛隊を直接攻撃した段階、あるいは外敵が日本領域に侵攻してきた（あるいは、侵攻してくる状況が明確になった）段階になって初めて迎撃戦を開始することができる」という基本的思考が日本社会には深く根付いてしまっている。国防当局といえどもその例外ではない。

専守防衛というアイデアがまかり通ってしまっているため、目に見える形での外敵の軍事攻撃が開始されるまでは、いくら国防のために軍事合理性があるからといっても先手を打って効果的な防御策を実施することすらできない状況なのだ。

このように専守防衛思想に固執していると、外敵海洋戦力が日本領域に向かって接近している状況を捕捉していても、外敵から目に見える形での攻撃を仕掛けられない限り、日本の領域の限界線である領海外縁線を外敵が越えた時点でしか、迎撃をすることができないのだ。

現代の兵器や通信手段の性能から判断すると、海岸線からわずか一二海里の領海線周辺まで敵が侵攻してきた段階で迎撃戦を開始するのでは、あまりにも遅い（一海里は一八五二メートル。船が一時間に一海里進む速度を一ノットという。戦闘用の軍艦の最高速度は三〇ノット強程度のものが多い。輸送艦の最高速度は二〇ノット強程度である。したがって領海線に達した敵艦艇は三〇分以内に日本の海岸線に到達してしまうのだ）。

現代において領海線を制海域の最前線とするということは、つまり「海洋国家防衛原則」からみると、通常は後方制海域を設定するにしても海岸線に近すぎると考えられる海域に基幹制海域を設定していることを意味する。ようするに、外敵の侵攻を阻止するための海洋での制海域は、海岸線ぎりぎりの沿岸域のみであり、これでは海岸線沿岸域での地上戦を当初より想定せざるを得ない。

実際に、陸上自衛隊の編成や部隊配置は地上戦が前提とされているし、「武力攻撃事態等における国民の保護のための措置に関する法律」は、明らかに日本国内での地上戦が実施されることを前提とした法律である。

そして、海岸線での地上戦のみならず、海岸線沿岸域を突破してさらに内陸に侵攻してきた敵を、内陸で迎え撃って敵侵攻軍に打撃を与えつつ持久戦に持ち込み、日本各地から増強部隊を集結させて反撃に転ずる、というのが現代日本の「本土決戦」のシナリオであるのだ。

もっとも、陸上自衛隊が「本土決戦」を実施している間に、日米安全保障条約に基づいてアメリカ海軍艦隊や航空戦力によって敵の海上補給線を打ち砕き、アメリカ海兵隊が敵侵攻部隊の背後側面から上陸して内陸の陸上自衛隊と敵侵攻軍を挟み撃ちにする。やがて、アメリカ陸軍の大部隊も日本に到着して敵侵攻軍を殲滅《せんめつ》する、というシナリオが期待されている。

しかし、このような日本政府国防当局の期待を現実と混同してはならない。というのは、過去半世紀にわたって、第三国同士の領域紛争で一方当事国が他方当事国の領域を占領あるいは奪取した事態が生じた場合、アメリカが本格的軍事介入を実施したのは、サダム・フセイン政権下のイラクがクウェートに侵攻し占領した事例しかないからである。

アメリカにとっては日本の比にはならないほど緊密な同盟国であるイギリスが、フォークランド諸島をアルゼンチンに占領された時でさえ、アメリカは直接援軍を送らなかった。

1-3-15 日本の制海三域

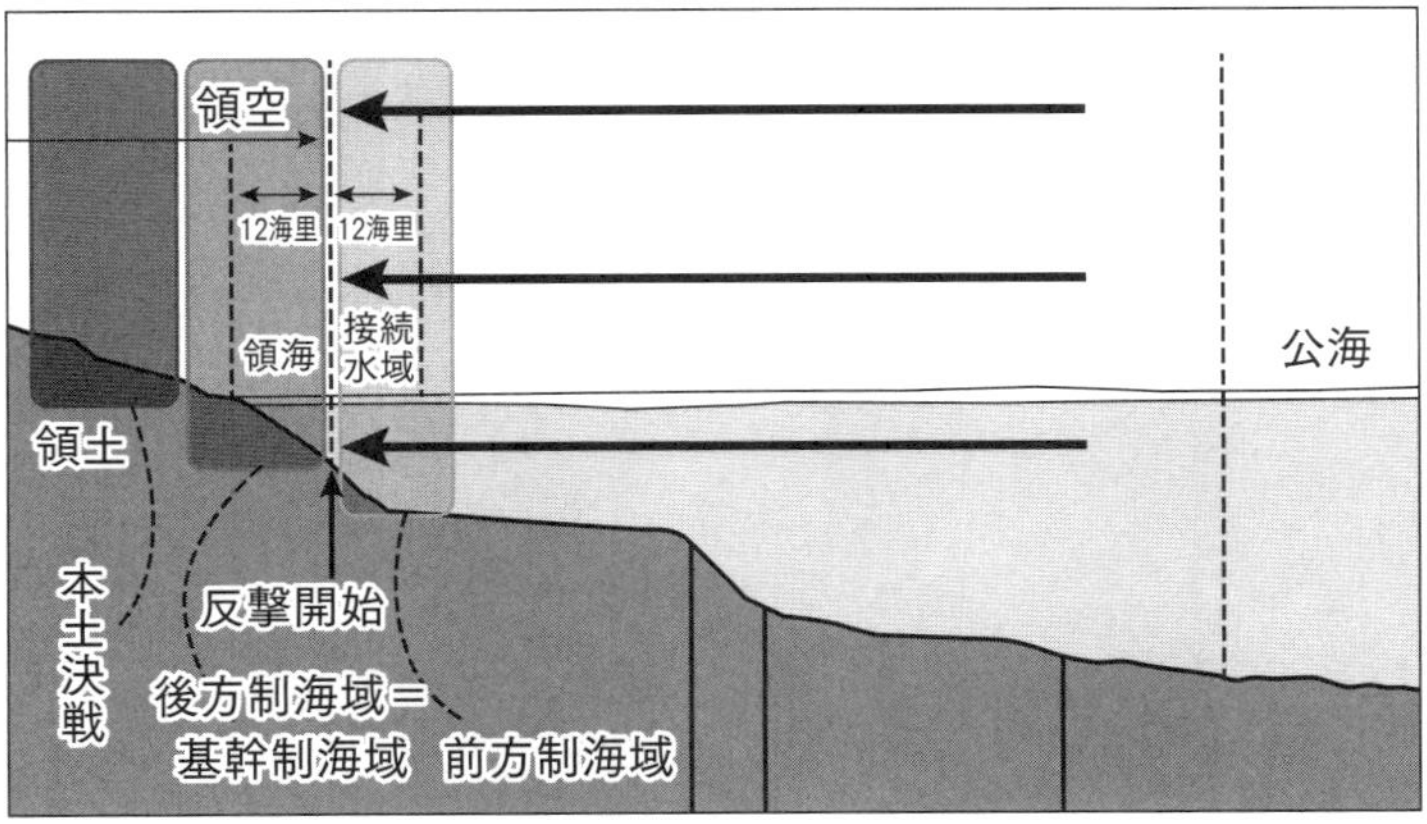

それどころか、当初はイギリス政府に対してアルゼンチンとの軍事対決を思いとどまるように説得を試みたほどである。

いずれにせよ、現在の日本は、危険極まりない制海域を設定した脆弱な防衛態勢を放置し続けている状況なのである。すなわち「外敵戦力は一歩たりともわが海岸線には上陸させない」という「海洋国家防衛原則」は、日本国防当局の防衛構想から排斥されているのだ。

その結果、海上自衛隊と航空自衛隊には「海洋国家防衛原則」である海洋において外敵の侵攻を遮断するために必要十分な戦力が与えられていない。陸上自衛隊は「ファイナル・ゴールキーパー・オブ・ディフェンス」を自任して憚らず、最終的には日本列島という島嶼内部に立てこもって外敵侵攻部隊と「本土決戦」を交えようとしている始末である。

日本における国防戦略らしき方針が記載されている「国家安全保障戦略」にも「防衛白書」にも「海洋国家防衛原則」に準じた国防方針や、それを具体的にビジュアル化する「制海三域」のようなアイデアの片鱗すら見当たらない。

このように、海洋国家にとって最も根本的な必要条件である「海洋国家としての国防戦略」が欠落しているにもかかわらず日本を海洋国家などと称しているのは、地政学的概念である海洋国家と地理的概念である島嶼国を混同しているとしか思えない。これが日本の〝海洋国家〟の現状である。

一―三―七　中国の「積極防衛戦略」

イギリス、アメリカそして日本という一般的には海洋国家とみなされている(上述したように日本は地形的には島嶼国であるが地政学的には海洋国家ではないのであるが)国々の軍事戦略について概観した。それでは、一般的には大陸国家でランドパワーと分類されシーパワーにはなり得ないと言われている中華人民共和国(以下、中国)の軍事戦略の現状はどのような状況なのであろうか？

中国が想定している最大の軍事的脅威は現在のところアメリカである。とりわけ海側から圧力を加えてくるアメリカ太平洋艦隊と航空戦力を中心とするアメリカ海洋戦力が正面の敵ということになる。

そこで中国人民解放軍が拠って立つ対米戦略は、太平洋方面から中国大陸に迫るアメリカ軍の接近を出来るだけ遠方でストップさせておこうというものだ。ようするに、「海洋国家防衛原則」を受け入れて「外敵海洋戦力をできる限り遠方の海洋上で撃破し、極力中国沿岸域には接近させず、一歩たりとも中国海岸線には上陸させない」という国防方針を採用しているのである。

そのため、伝統的地政学や一般的には海洋国家と考えられていない中国が、対アメリカ軍迎撃戦略には「制海三域」の考え方を援用している。そして制海域の目安として設定されているのが、九州から南西諸島・台湾・フィリピンを経てボルネオ島に至る第一列島線と、伊豆諸島から小笠原諸島・マリアナ諸島・パラオ諸島を経てパプアニューギニアに至る第二列島線である。

すなわち第一列島線の内側（東シナ海、南シナ海）が後方制海域、第一列島線と第二列島線の間の海域（西太平洋、フィリピン海）が基幹制海域、そして第二列島線の外側が前

1−3−16 第一列島線と第二列島線

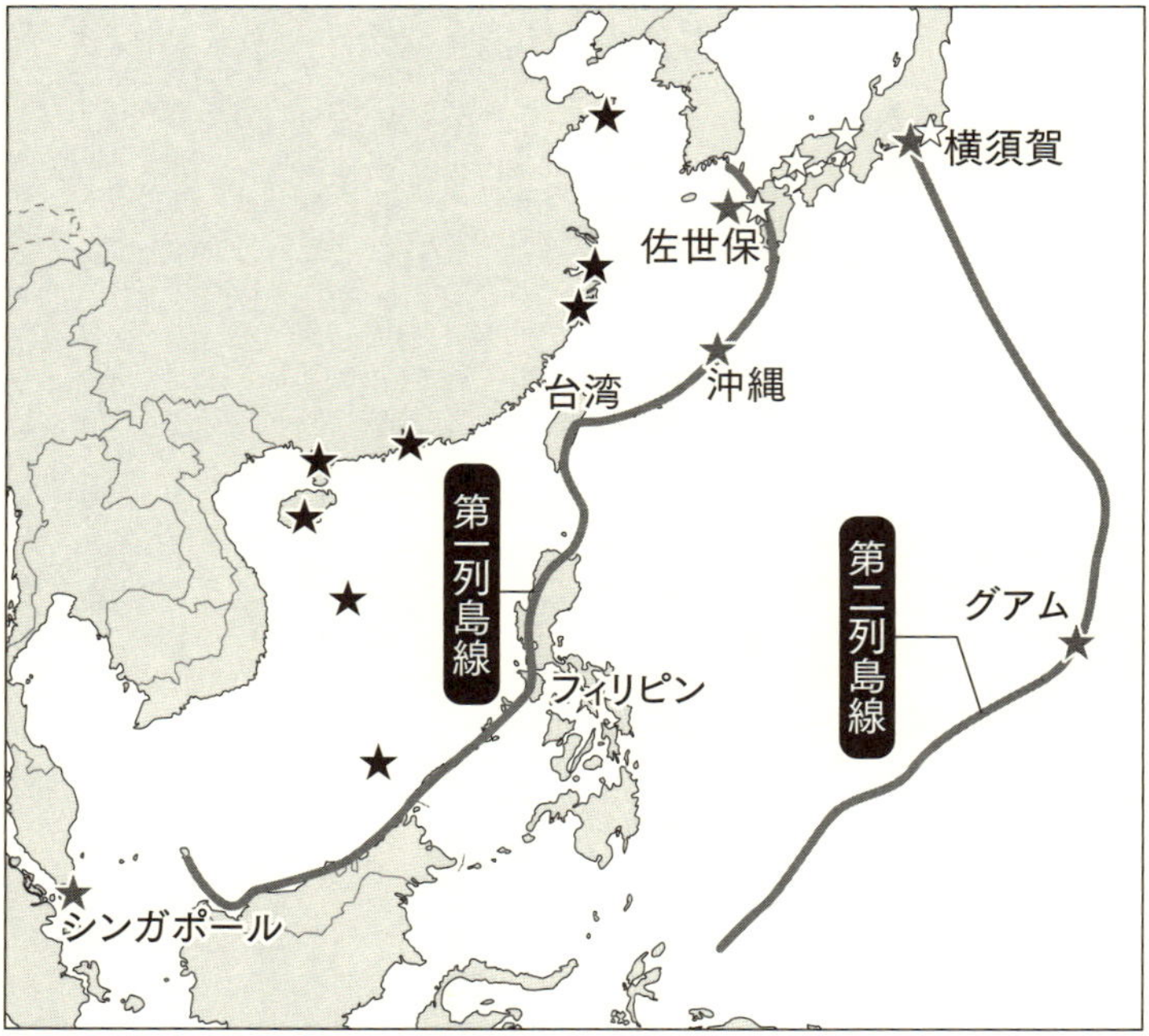

方制海域となる。

ただし、それは中国海洋戦力構築計画の究極目標が達成される二〇五〇年頃の理想的「制海三域」であって、そのような海洋戦力を構築中の現在（二〇二〇～二〇三〇年代）の制海域は、以下のように中国大陸寄りに設定されている。

現在の中国国防戦略における「制海三域」

【前方制海域：第二列島線周辺海域】

第二列島線に接近してくるアメリカ海軍艦艇は各種長射程ミサイル攻撃と潜水艦による待ち伏せ攻撃により撃破して接近を阻止する。とりわけアメリカ侵攻軍の主戦力である空母打撃群が第二列島線に接近するのは何としてでも阻止するために、対艦弾道ミサイル、極超音速対艦グライダー、超音速対艦巡航ミサイルなどを総動員して集中攻撃を加える。

【基幹制海域：第一列島線外側の海域】

アメリカ海軍艦艇に第二列島線を突破された場合は、第二列島線と第一列島線の間の海域で再び各種対艦ミサイルによる攻撃やより多数の潜水艦による待ち伏せ攻撃によってアメリカ海軍を撃破し第一列島線への接近を阻止する。

【後方制海域：第一列島線内側の海域】

第一列島線内に侵入してきた敵艦艇や航空機は、各種ミサイルに加えて海軍艦艇や航空機によっても連続的に攻撃を加え、この海域でのアメリカ軍海洋戦力による行動の自由は絶対に許さない。中国本土沿岸域には多数の地対艦ミサイルと地対空ミサイルが配備されており、何かの具合で運良く沿岸海域に接近してきた敵艦艇や航空機があったとしても中国海岸線には接近させない。

1–3–17 中国の制海三域

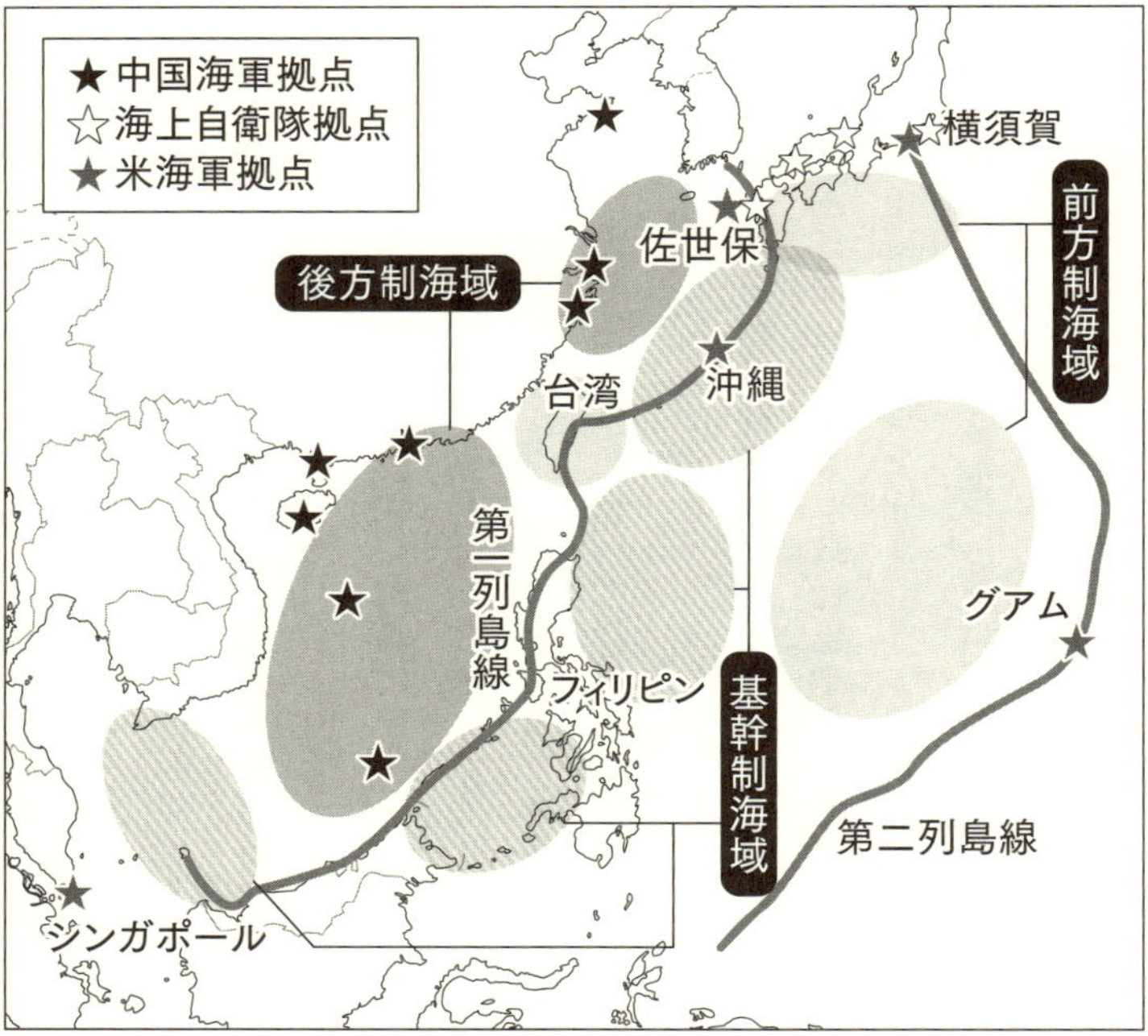

　また、世界一の保有量を誇る各種機雷を要所に敷設して、中国沿岸海域に接近できた敵艦艇にはとどめを刺すことになる。

　中国軍が依拠している上記「海洋国家防衛原則」と「制海三域」は「積極防衛戦略」と呼ばれている。「積極防衛戦略」は、かつては「近海積極防衛戦略」と呼称されていたが、中国軍海洋戦力の強化に伴って「外洋積極防衛戦略」へと進化した。

　ただし、「外洋積極防衛戦

1-3-18 招商局港口控股有限公司が影響力を持つ港湾

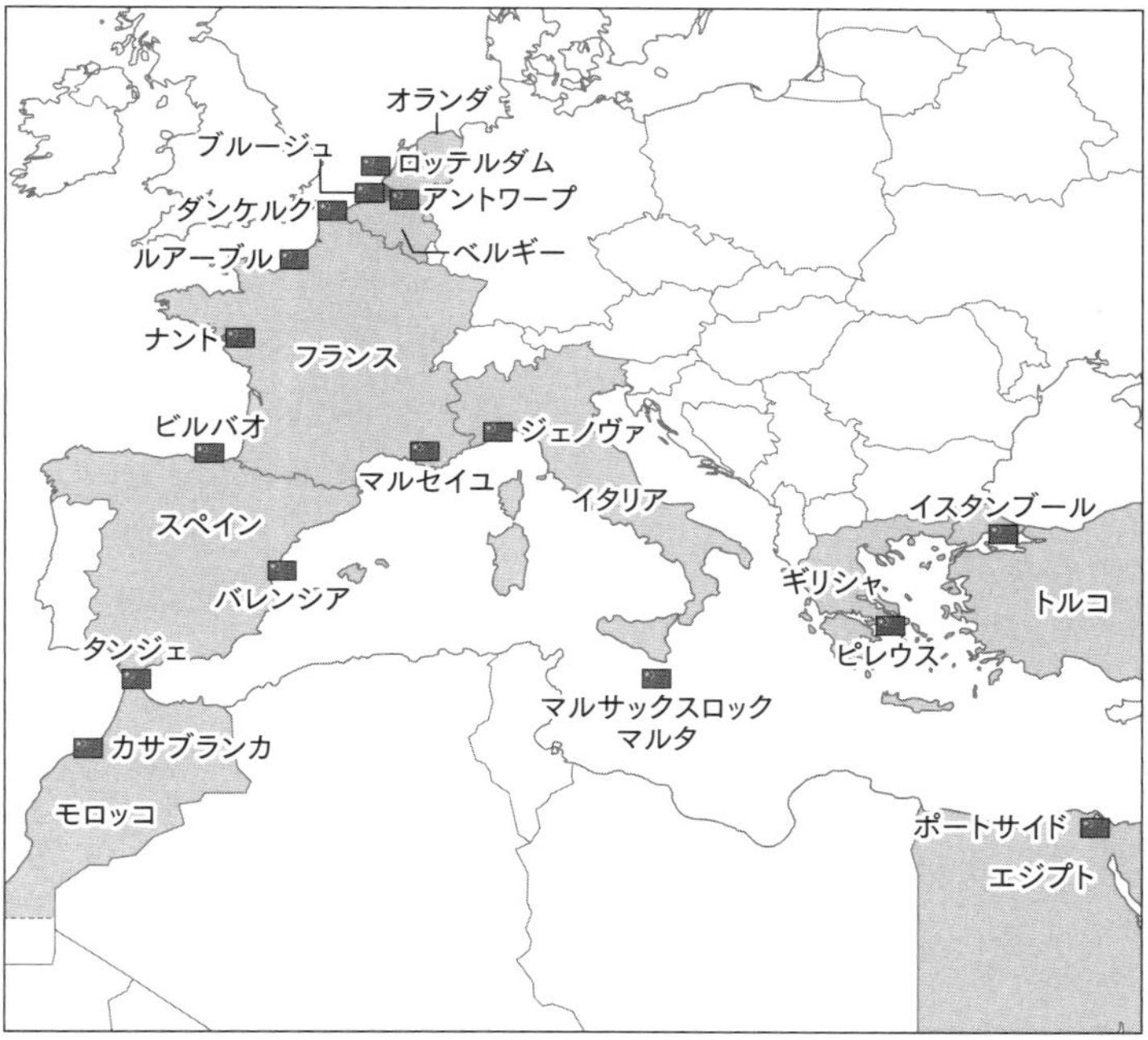

略」では、あまりにも拡張主義的イメージが強いので「外洋」という語は用いずに「積極防衛戦略」と称している。アメリカ軍やＮＡＴＯなどではこの中国軍防衛戦略を「接近阻止・領域拒否戦略（Ａ２／ＡＤ戦略）」と呼ぶことが多い。

　このように、中国の防衛戦略は完全に「海洋国家防衛原則」に則ったものであり、この点からは中国は少なくとも日本よりは真の海洋国家に近いとみなすことができる。

　さらに中国は、将来的（二

1-3-19 インド洋中国戦略概念図

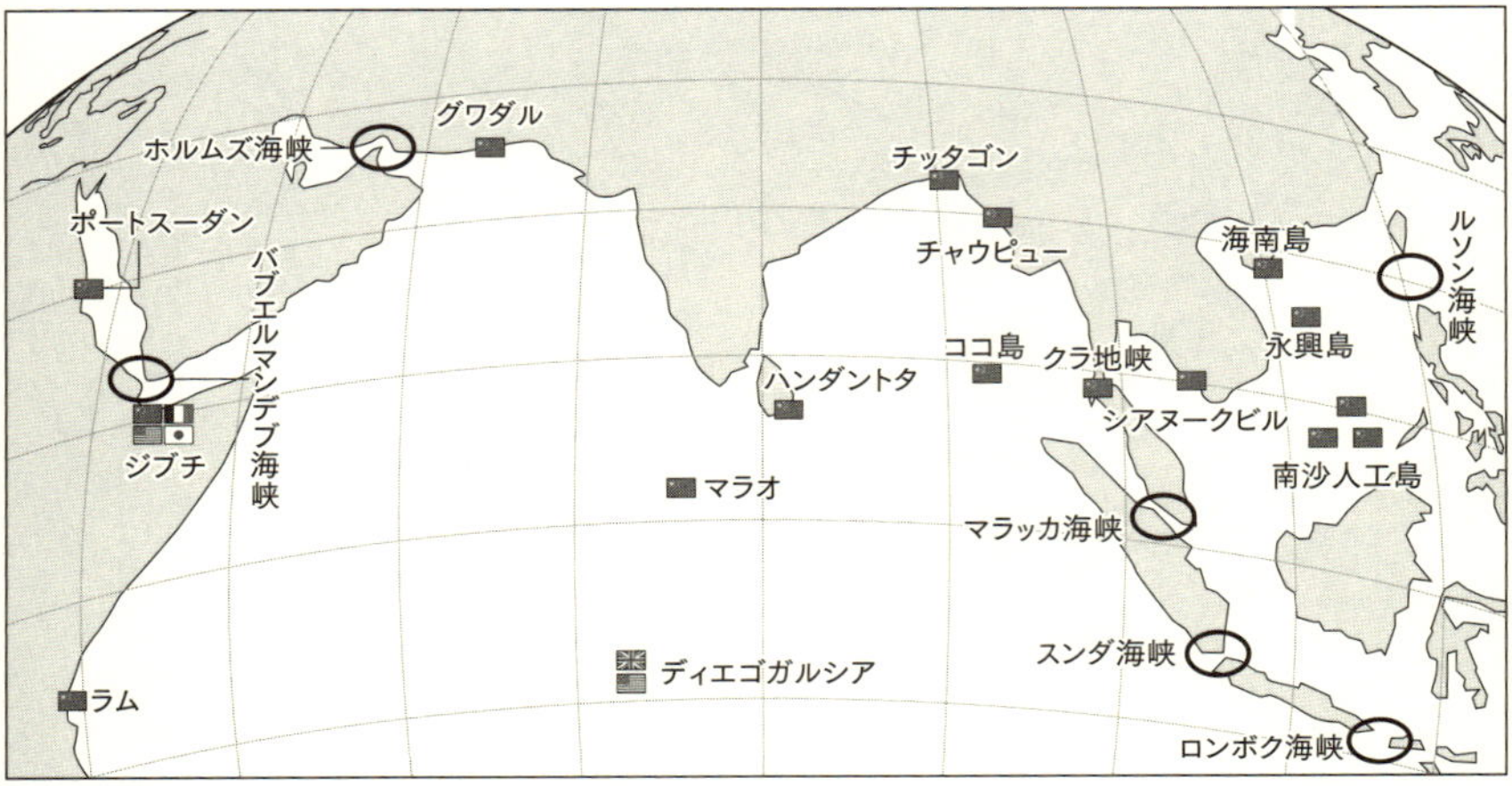

〇五〇年以降）には、第二列島線の遥か彼方にまで前方制海域を押し出す目論見があるようだ。インド洋沿岸やヨーロッパ沿岸の港湾に積極的な投資をして、多数の港湾（現在のところそれらの大半は貿易港であり軍港というわけではないが）を中国のコントロール下に置いている。このことは、将来の中国海軍前進拠点を確保する布石を打っている、と考えることも可能である。まさに、中国はアメリカと海洋国家としても対峙する状況が現実のものとなりつつあるのだ。

※上記地図では、各地点をどの国がコントロールしているかを各国の国旗で示している。ディエゴガルシア、ジブチ以外はすべて中国がコントロールしている。

第二部

歴史編

二―一　英国の国防思想における伝統的気質の形成

一時期、〝七つの海〟を制覇して海洋覇権を握ったイギリスの歴史には海洋国家防衛戦略の教訓があふれている。イギリスでは、ヨーロッパ諸国との長い攻防の歴史を通してイギリス流の国防思想が確立し、その伝統は現代まで引き継がれている。

二―一―一　イギリスの伝統的国防思想

一一世紀のイングランド王国建国以来、二〇世紀に至るまでイギリスとヨーロッパ大陸

2-1-1 16世紀ヨーロッパの海上交易

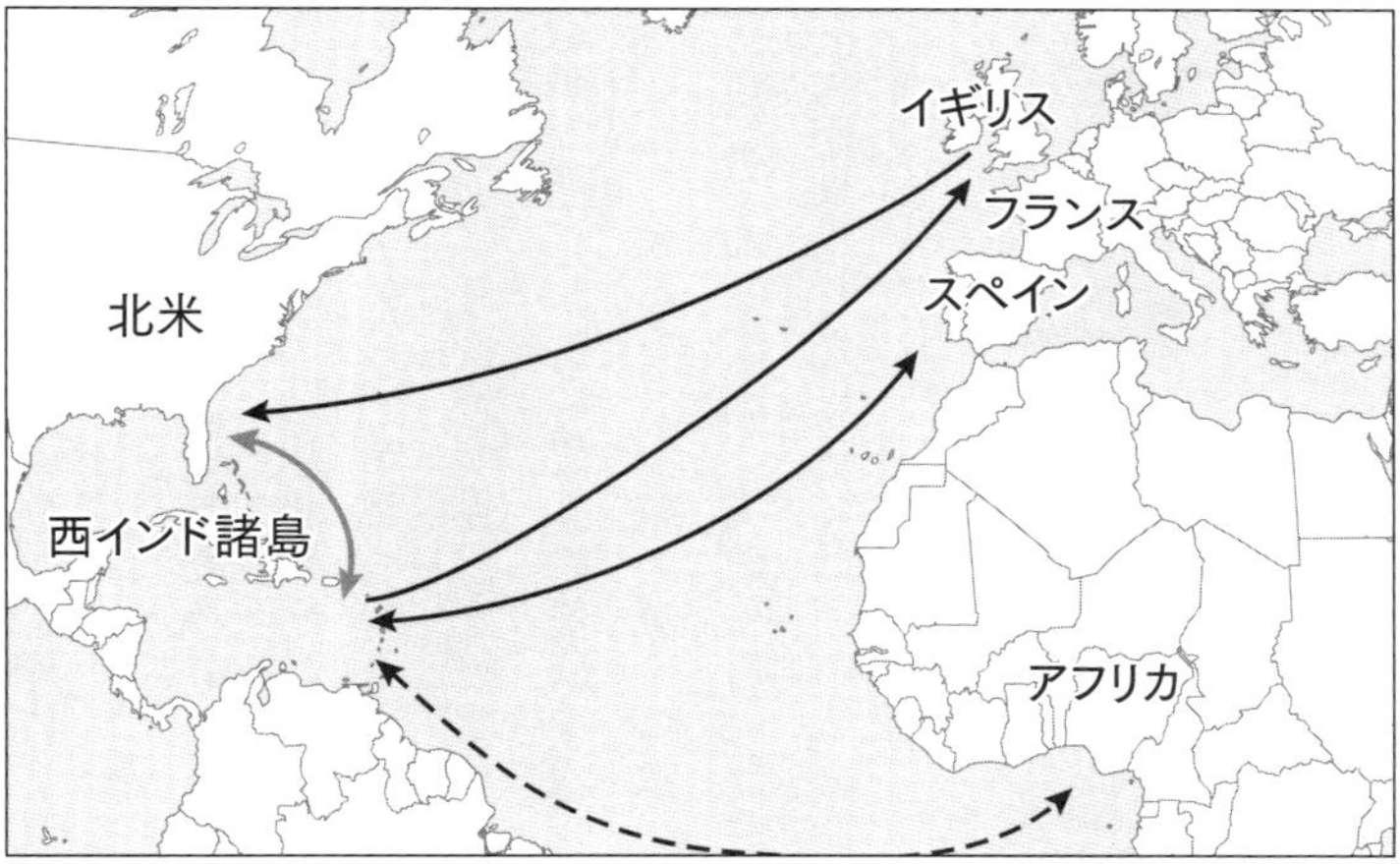

のスペイン・フランス・オランダ・ドイツといった強国の間では戦争が断続的に行われてきた。

島嶼国家イギリスにしてみれば、敵が海を渡ってグレートブリテン島に接近する手段を欠いていたならば、敵軍の侵攻は起こり得ないということになる。

そこで、しばしばイギリス軍艦はイギリス海峡を渡って敵の軍港を襲撃し係留中や建造中の軍艦を破壊したり拿捕《だほ》したりして、敵のイギリスへの侵攻能力そのものを破壊してしまった。

ようするに、敵にわが方を攻撃する能力を待たせないように敵本拠地へ攻撃をしかけて敵の軍事力建設を中断させてしまう。これは、スペインやフランスなどにしてみれば暴挙ともいえる防衛方針であるが、襲撃が成功した場合にはイギリスにとってこの上もなく強力な防衛戦略になる。

これはずいぶん乱暴な方策のように見えるが、二一世紀においてもこのような防衛思想はイギリスやその国防思想の伝統を受け継いだアメリカでは消滅していない。

たとえば、サダム・フセインのイラクが大量破壊兵器によって周辺諸国や西側諸国に攻撃を行う以前に大量破壊兵器を破壊してしまおう、という大義名分を掲げて開始されたイラク戦争などは、この思想の流れを汲んでいる。

もっとも、イギリス海峡を越えて敵の本拠地を襲撃する方針は、成功すれば極めて効果的な防衛策である反面、失敗する可能性も高かった。したがって、この方針は実施できるチャンスが到来した場合には用いられたが、通常は敵の侵攻軍にイギリス海峡を絶対に渡らせない、という方針が堅持された。

このような国防思想形成過程において、最も重要な体験が一六世紀におけるアルマダの戦いである。それは、当時イギリスに比べるとまさに超大国であったスペインの侵攻を海洋上で撃破した戦いであった。

二―一―二　アルマダの戦い

ヨーロッパから海によって隔てられているグレートブリテン島には、九二八年、ノルマン・コンクェストにより現代まで続く、イングランド王国の基となったノルマン朝が開かれた。

以来、同島内北部のスコットランド王国との対立や合同などの紆余曲折はあったものの、現在に至るまで国家が存続してきている（以下、イングランドを中心とする国家を単にイギリスと呼称することとする）。

イギリスの外交史はスペインやフランス、オランダ、そしてドイツをはじめとするヨーロッパ大陸の強国との対立と妥協の歴史である。

そして、ヨーロッパ列強諸国はグレートブリテン島への侵攻をしばしば企てたが、そのほとんどが失敗に終わっている。

二一二一 私掠船

プロテスタントのエリザベス女王（エリザベス一世）が即位して以降、イギリスはカソリックのスペインと宗教的な対立を深めた。さらに、西インド諸島をはじめとする新大陸貿易での利権争いが激化し経済戦争の状態に陥っていた。

スペインの植民地や交易船に対して、エリザベス女王から勅許状を得たイギリス私掠船《しりゃくせん》が襲撃して、植民地や交易品をスペインから奪い取る私掠行為が盛んに実施された。とりわけフランシス・ドレイクはスペイン側からはエル・ドラコ（悪魔の化身）と呼ばれて恐れられていた。

私掠行為は、国家の許可を得て特定の相手国の植民地や貿易船を襲撃して利益を奪い取る商行為兼私的戦争行為であった。そして、免許状を発行したエリザベス女王自身も、私掠船に出資したり、船を貸与したりする見返りとして、収益の分け前を受け取る仕組みになっていた。

つまり、貿易会社兼私的海軍を率いていたのが私掠船船長たちということができる。国家間の公的な戦争ではないが特定の敵国しか襲撃の対象にしない点で、どの国の植民地であろうが貿易船であろうが手当たり次第に襲撃する海賊とは一線が画されていた。私掠行為は貿易活動の一形態であったため、植民地におけるイギリスの私掠船に手を焼いていたスペインもイギリスに対する抗議は行ったものの、それだけを理由に戦争を始めるまでには至らなかった。

しかし、一五八七年、エリザベス女王の従姉妹でカソリックのメアリが処刑されると、カソリックの盟主フェリペⅡ世はイギリス征討の計画を練り出した。それに対して、ドレイクの艦隊がスペインのカディス港を襲撃しスペイン船を焼き払ったり捕獲したりするという事件が発生すると、急遽フェリペⅡ世のイギリス侵攻計画は実施されることとなった。

二―一―二―二　アルマダとイギリス艦隊

フェリペⅡ世は、当時ヨーロッパ最強と見られていたスペイン陸軍をイギリスに送り込めば、弱小イギリスなど赤子の手をひねるより簡単に征服できると考えていた。実際に、イギリスには数千の陸上戦力しか存在しなかったため、スペイン軍が上陸すればフェリペⅡ世の考えの通りになったであろう。

そこでスペインは、陸軍部隊をグレートブリテン島に送り込むための多数の船を建造し、大艦隊「スパニッシュ・アルマダ」を構築して、侵攻上陸作戦を発動した。

一五八八年五月、一万八〇〇〇名の陸上戦闘部隊と八〇〇〇名の軍艦乗組員を乗せた一五一隻の艦艇で編成されたアルマダはリスボン港を出撃した。強大な艦隊アルマダによってイギリス海峡の制海権を確保するとともに、スペイン領ネーデルランド（現在のベルギー）に駐留するパルマ公率いる陸兵三万を合流させて、グレートブリテン島東部マルゲート岬付近に上陸し、イギリスを征服する作戦であった。

一方イギリスにはスペイン陸軍と対峙できるような陸軍は存在しなかった。そもそも、エリザベス女王の祖父のヘンリーⅦ世や父のヘンリーⅧ世の治世にフランスとの抗争を通して生み出されつつあったイギリスの防衛政策は、

（一）ナロー・シーと呼ばれたイギリス海峡を海軍によって防衛して、敵の軍艦を寄せ付けない。
（二）ヨーロッパ大陸に絶対的強国が誕生しないように大陸諸国間の勢力均衡を巧みに利

用する。

という二大原則に拠っていた。したがって、海軍の建設には力を注いだが強大な陸軍はそれほど必要とはしなかった。しかし、ヘンリーⅧ世の死後、国内政治の混乱によってイギリス海軍は弱体化してしまっていた。そのためエリザベス女王は王室海軍が再建されるのを待たずしてフェリペⅡ世との決戦を迎えるに至ったのだ。

もともと陸軍は弱小であったうえにエリザベス女王の海軍はわずか三四隻の軍艦しか保有していなかった。そこで女王は国土防衛のために、私掠船はじめ交易活動に従事する船に集結するよう呼びかけた。その結果、王室軍艦、私掠船、貿易船が合わせて一九七隻が集まりイギリス艦隊が結成された。

イギリス艦隊司令官には、ノッティンガム公チャールズ・ハワードが任命され、副司令官には百戦錬磨のドレーク卿が任命された。この時までに、私掠船長であったドレークは、スペインから莫大な財宝を奪い取った功績により、エリザベス女王から爵位が授けられていた。

陸軍力では精強無比のスペイン軍に比べて、極めて弱体であったイギリス陸軍は、スペイン軍に上陸された場合は敗北が予想された。そこでイギリスは、スペイン艦隊がイギリスに上陸してくる前に、なんとしても敵を撃破する戦略を採択し準備態勢を整えた。

イギリスの防衛作戦は、アルマダをイギリス海峡洋上で迎え撃ち、グレートブリテン島の海岸には一切寄せ付けず、またネーデルランドのスペイン軍とも合流させないというものであった。

二-一-二-三 イギリスの〝神風〟

一五八八年七月一八日、グレートブリテン島南端のリザード岬沖でイギリス海軍哨戒艦はアルマダを発見した。プリマス軍港を出撃したイギリス艦隊は、二〇日、スペイン艦隊に襲いかかり「アルマダの戦い」の幕が開いた。

イギリス艦隊はアルマダの軍艦に比べて数は多いが総じて小型であった。ただし、操船術や砲術の能力はイギリス海軍が遥かに優れていた。アルマダを絶対にイギリス沿岸に近づけないよう断続的に攻撃を加えながらアルマダを誘導し数度にわたる海戦でスペイン軍艦を痛めつけた。

アルマダをイギリス沿岸に全く寄せ付けない態勢のままイギリス海峡を北上させた。七

2-1-2 アルマダの航路

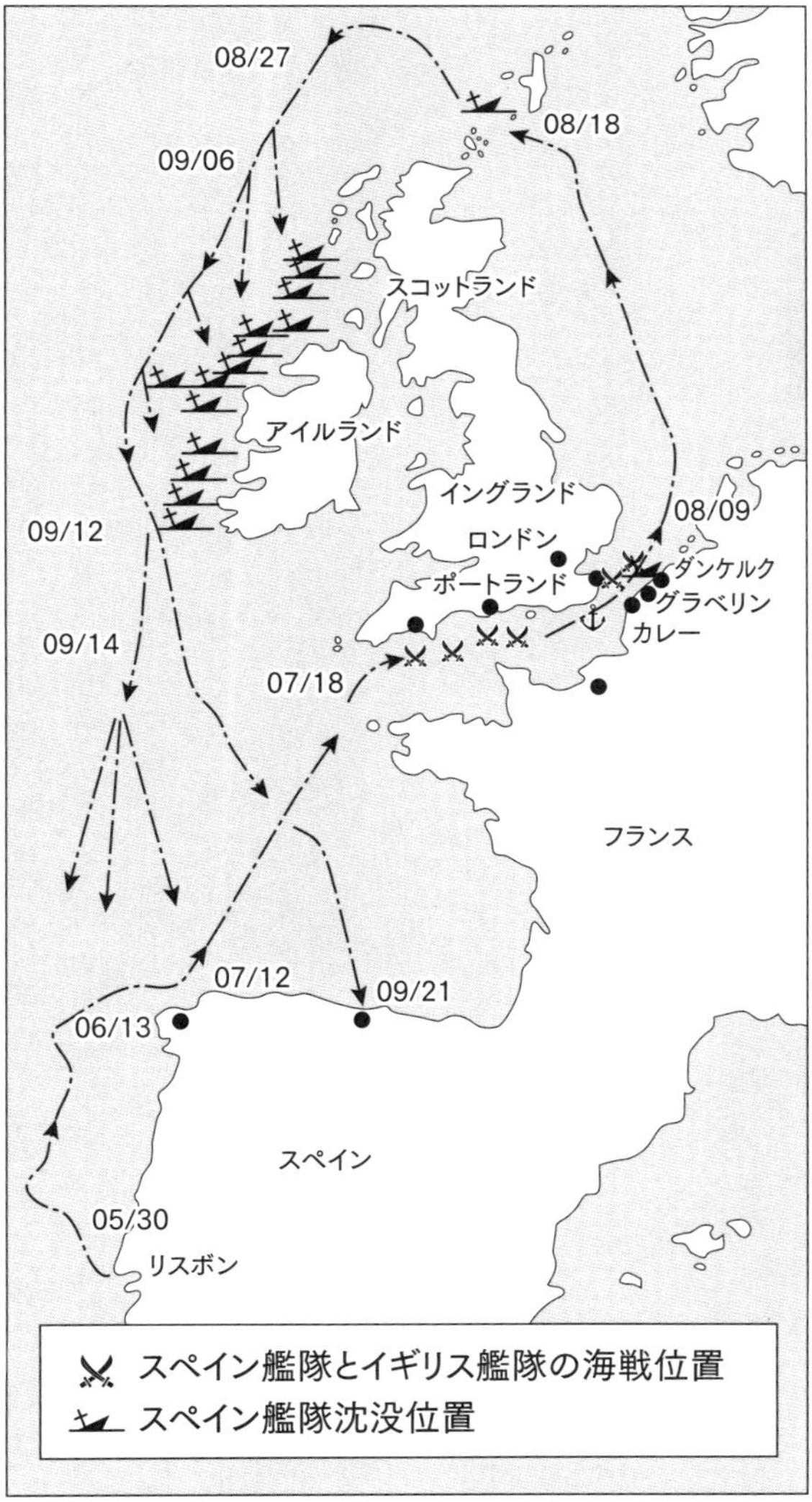

月二七日、グレーブラインの海戦ではドレークによる有名なファイアー・シップ攻撃が敢行されアルマダは壊滅状態に陥り、フェリペⅡ世のイギリス侵攻作戦は頓挫した（ファイ

アー・シップ攻撃というのは、火をつけた船を敵艦に突っ込ませて敵艦隊を混乱に陥れる戦術。木造帆船時代当時は極めて効果的な戦法であり、一九世紀初頭まで用いられた)。

その後、アルマダは一ヶ月以上にわたってグレートブリテン島とアイルランドを大迂回してスペインまでの逃避行を強いられた。この間、大嵐がアルマダを襲い半数以上の軍艦・補給艦が沈没し、出征人員二万六〇〇〇名のうち スペインまで帰還できた将兵は一万名に満たなかった。イギリスではアルマダを海底に沈めた大嵐をwinds of God(神風)と呼んだ。

このように、強力なスペイン陸軍に上陸されれば国が破滅するという背水の陣で「敵侵攻軍を海洋上で迎え撃ち、イギリス海岸には一歩たりとも上陸させない」という戦略を敢行したエリザベス女王のイギリスは、実際に一歩たりともスペイン軍を上陸させず、国防をまっとうしたのである。

二—一—三 海軍によって防衛する伝統の定着

イギリスは日本と同じく大陸から海で切り離された島嶼国であるが、海から押し寄せてくる外敵の侵攻に対して、基本的には陸地で待ち受けて撃退しようとした日本（本書二一三）と異なり、敵侵攻軍が上陸する以前に海上で阻止しようとした。ただし、エリザベスI世の時代には国家の海軍というものは存在せず、アルマダを打ち破ったイギリス艦隊は王室の軍艦や私掠船それに貿易船の混成部隊であった。

その後ヨーロッパで繰り広げられていた三十年戦争の余波がイギリス海峡を越えてイギリスに迫ることを防ぐためにチャールズI世は王室海軍の増強に努めた。しかし、強大な艦隊を建設するために船舶税を大増税したため国内の反発を招いた。

その結果、ピューリタン革命が勃発しオリバー・クロムウェルを軍司令官とする議会派がチャールズI世の大艦隊をも掌握してしまった。結局チャールズI世は処刑され、共和制が打ち立てられた。ピューリタン革命の結果、王室の個人的艦隊は共和制政府が管轄することになり、国家の常備艦隊としての「国民の海軍」が誕生したのだ。

クロムウェルの没後、共和制が破綻して王政復古となったものの、イギリス艦隊の予算や運用の決定権は議会が握ったため、「王室の海軍」は復活せず「国民の海軍」としての位置づけが維持された。

この「国民の海軍」の名称はRoyal Navy of Britannicaとされた。それ以後も、ロイヤル・ネイビーは、オランダ、フランス、スペインなどと数多くの海戦を実施し「敵侵攻軍を一歩たりともグレートブリテン島には上陸させない」という防衛戦略の担い手として活躍した。

二-一-四 デ・ロイテル艦隊

これによって、本書では「海洋国家防衛原則」と呼んでいる「わが領域に危害を加えようとする敵は海洋上において撃退し、わが領域には一歩たりとも侵入させない」という考え方は、イギリスの防衛戦略の伝統として深く根を下ろしたのである。しかし、ただ一度だけ、この国防の鉄則を蔑ろにしたためにイギリス本土が蹂躙《じゅうりん》される危機に陥ったことがある。

一六五二年から一六五四年にかけてイギリスとオランダの間で戦われた第一次英蘭戦争で、イギリス艦隊はオランダの艦隊を数度にわたりイギリス海峡や北海で打ち破り勝利を手にした。

その後、再び勃発した第二次英蘭戦争（一六六五〜一六六七年）に際しても、当初はイギリス海軍が優勢であった。しかし、イギリス海峡や北海での軍事的優勢を保つための戦

2-1-3 英蘭戦争当時のイギリス周辺

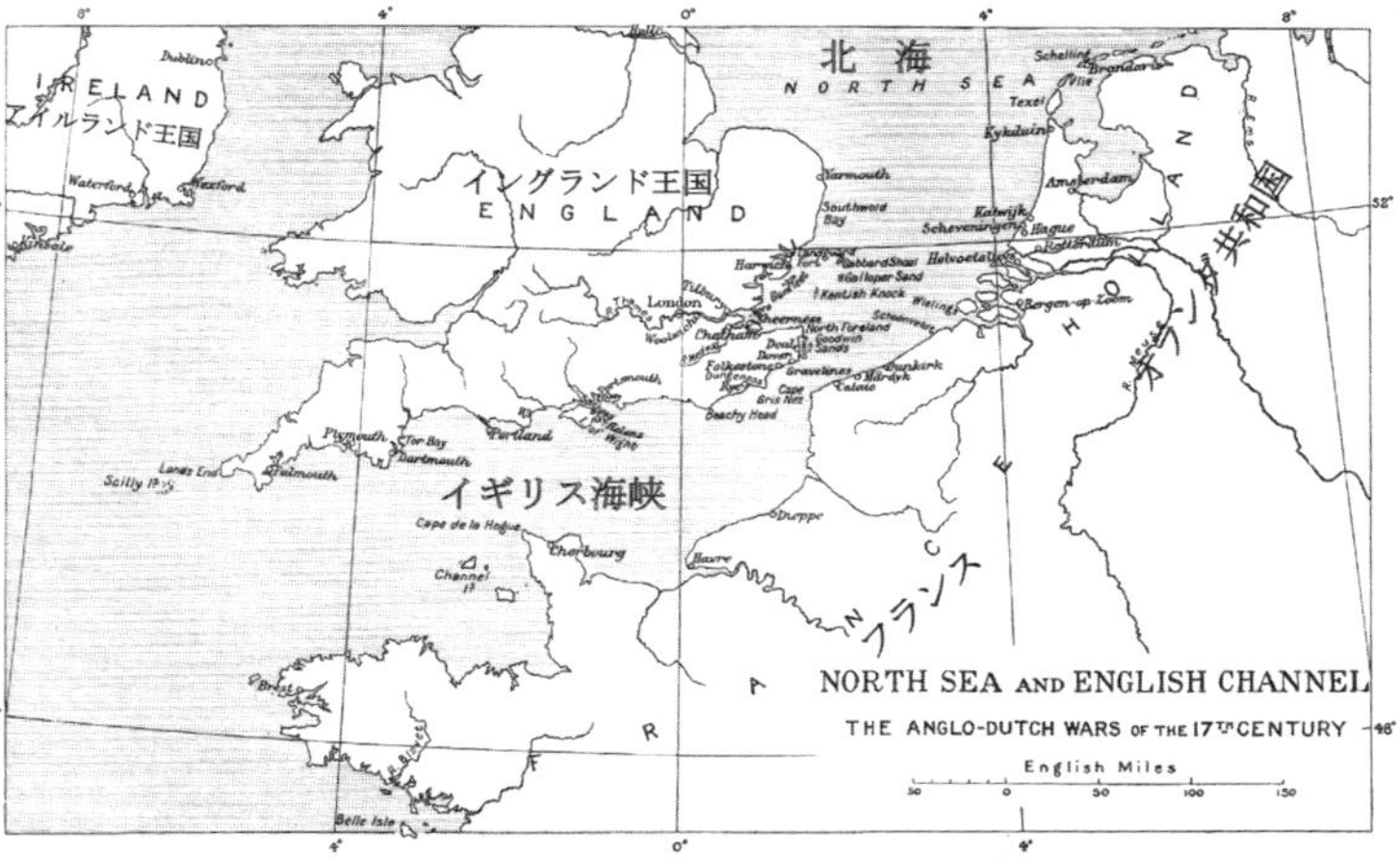

費が膨大になってきたため、「完膚なきまでにたたきのめしたオランダが再び攻め寄せることはないであろう」との希望を現実と同一視してしまい、国防予算を大削減した。それによって、海軍も縮小し軍艦も商船に造り替えて商業優先の国家運営に転じてしまった。

その結果、一六六七年になるとイギリス海軍は、大きく艦隊戦力を縮小されてしまっていた。そのため、イギリス海軍はイギリス伝統の「海上に出動して敵侵攻軍を撃破する」という防衛態勢を維持できない状態に陥っていた。

そこで、強力な艦隊を作り上げて、イギリスに対する劣勢の挽回のチャンスを狙って着々と準備を進めていたオランダは、オランダにとっては前方制海域でありイギリスにと

2-1-4 メドウェイ襲撃

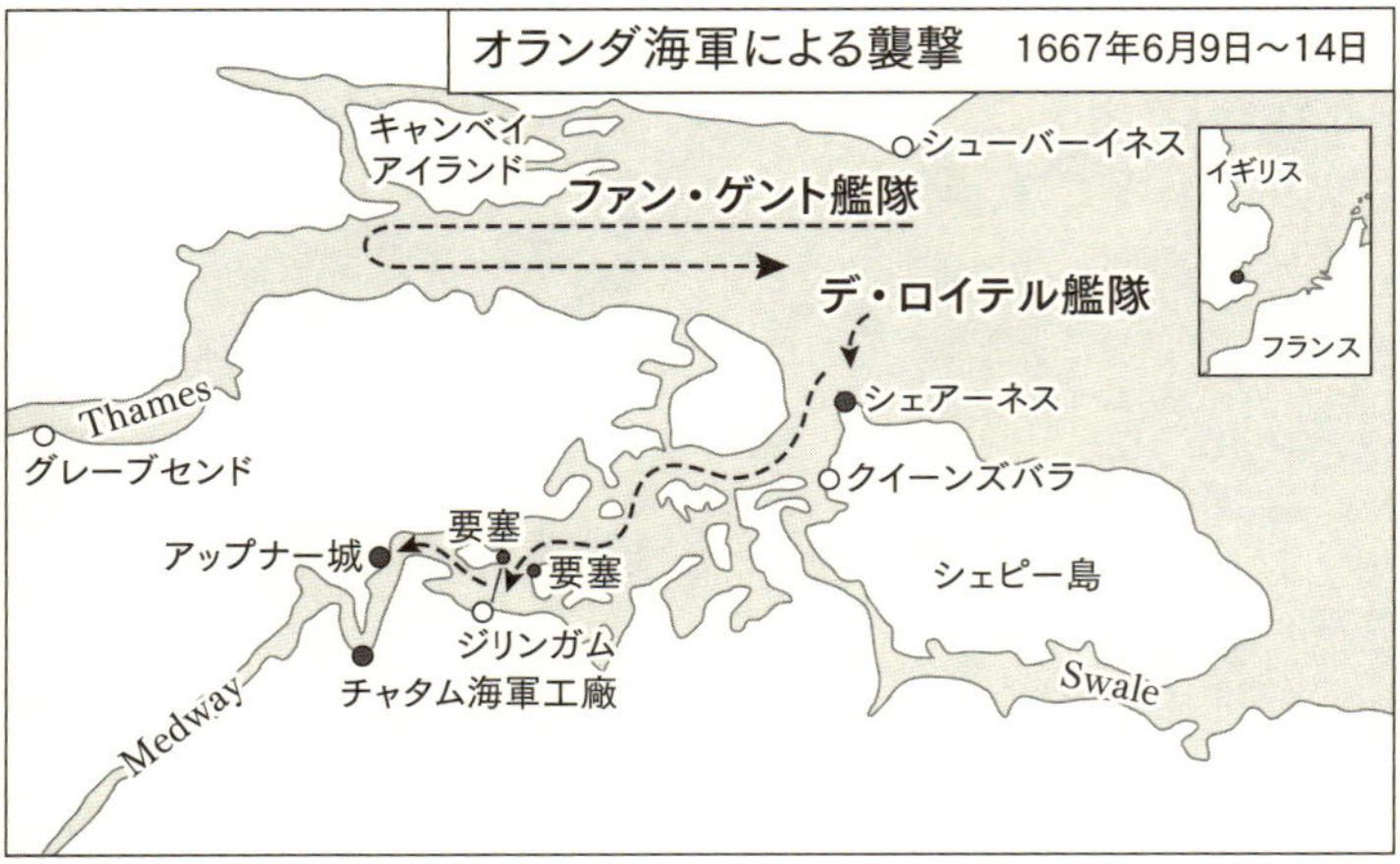

っては後方制海域であるイギリス沿岸海域への襲撃を実施することにした。

一六六七年六月、名将デ・ロイテル提督率いる六〇隻の軍艦と一五〇〇名の海兵隊員が乗り組んだ襲撃艦隊を派遣してイギリスを急襲した。弱体化していたイギリス海軍は海洋上で撃破され、勇将デ・ロイテル率いる強力なオランダ艦隊は、イギリス沿岸の砲台を破壊しながら川を遡って進撃し、ロンドンを焼き討ちにした。そのためイギリス全体が震撼するに至った（メドウェイ襲撃）。

僅か一五〇〇名の陸上戦闘員である海兵隊員しか用意していなかったオランダ側にはイギリスを占領するという意図はなかったのであるが、地上での「本土決戦」を想定していなかったイギリスは、オランダに和を請わざるを得なくなったのである。

その結果、イギリスがオランダに対して多額の賠償金を支払うことによってオランダ側は撤収した。イギリスにとって運が良かったことに、フランスによるオランダ侵攻が始まったため、第二次英蘭戦争は終結したのである。

二―一―五　生かされた教訓

このように、後方制海域まで敵に侵攻されると国防は危機に直面することを再認識したイギリスは、基幹制海域で外敵の軍事的脅威を撃退するための強力な海軍力の再興に邁進した。国家財政を建て直すため、伝統的国防方針を捨て去ったがゆえに、国家財政どころか国家そのものが危殆に瀕してしまったイギリスは、それ以降、財政の論理により国家防衛の根幹をなす海軍力を削減することには極めて慎重な態度を示すようになった。

ただし、海洋国家防衛の鉄則が伝統的気質にすり込まれていたイギリスでは、「後方制海域が打ち破られた際に本土決戦をするための陸軍力を増強しなければならない」というアイデアは生じなかった。あくまでも外敵を海洋で撃退しようとしたのである。

すなわち、「外敵はグレートブリテン島に一歩たりとも寄せ付けないよう海洋で撃破する」という防衛思想をますます肝に銘じることとなった。

その結果、強大な海軍を建設したイギリスは、海洋国家防衛原則を厳守し、その後再び勃発した第三次英蘭戦争、英仏戦争、ナポレオン戦争、それに第一次世界大戦と断続的に行われた数多くの戦争を戦い抜いたのであった。

二―一―六 バトル・オブ・ブリテン

海洋での戦闘に航空機が多用されるようになった第二次世界大戦からは、戦闘地域周辺海域での軍艦の行動の自由の確保に加えて周辺空域での航空機の行動の自由をも確保しなければ勝利は困難となった。そこで、敵のグレートブリテン島侵攻の意図を頓挫させるためには、敵にグレートブリテン島周辺空域での行動の自由を許さないことが肝要となった。

これまでの戦例は、いまだにミサイルはおろか航空機も登場していない時代の戦争だったが、航空機が登場してからも、「海洋国家防衛原則」の有効性は変わっていない。たとえば、「バトル・オブ・ブリテン」として有名な第二次世界大戦初期の英独戦もそうだ。

2-1-5 ドイツ軍侵攻作戦図（実際にドイツ軍が用いたもの）

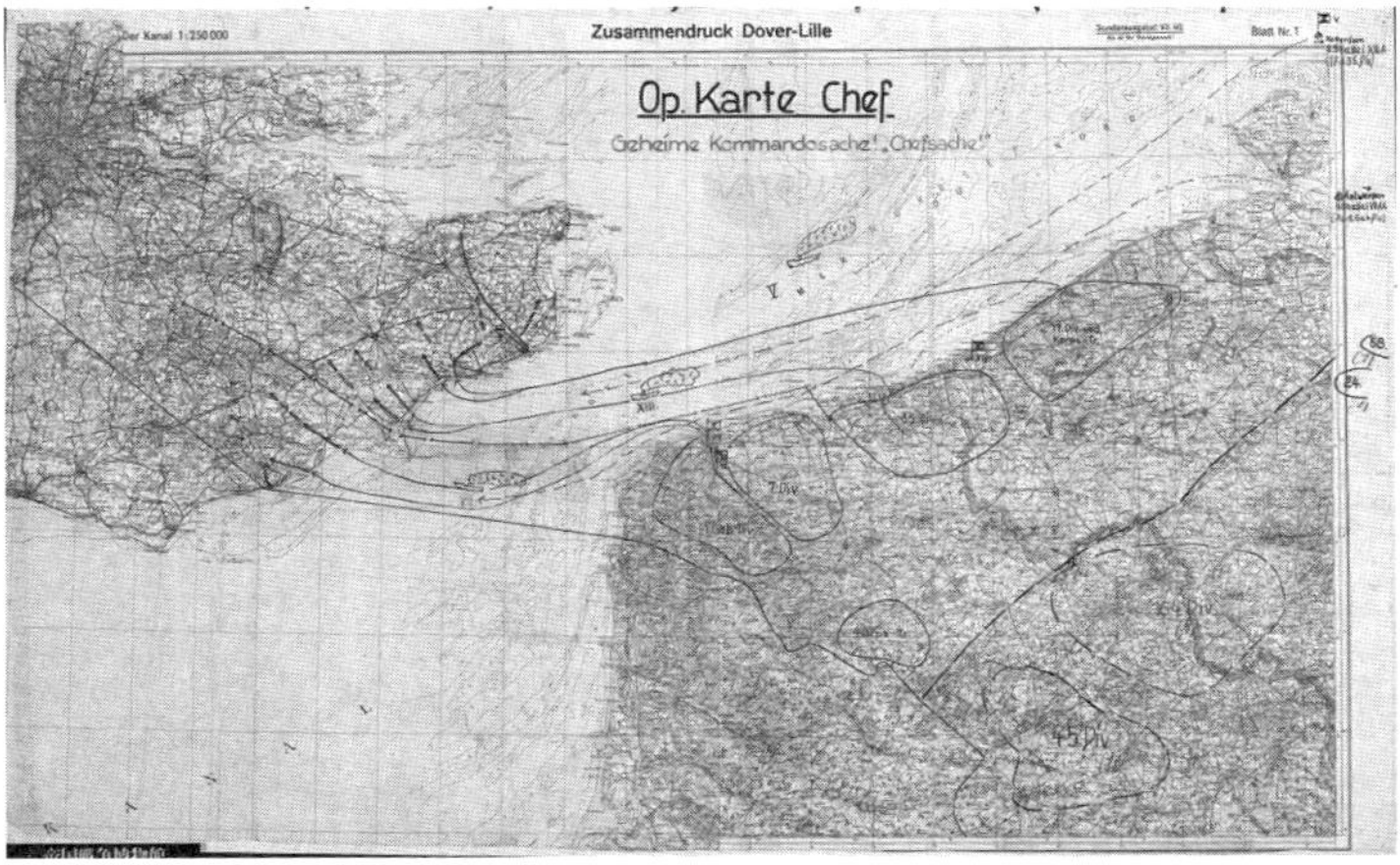

ヒトラーのナチス・ドイツ軍がイギリス本土（グレートブリテン島）へ侵攻しようとしたのを、イギリス空軍が阻止した事例である。

バトル・オブ・ブリテンは、ヨーロッパ大陸からグレートブリテン島に接近する空域での行動の自由を手に入れようとするドイツ空軍と、そうはさせじとするイギリス空軍の航空戦であった。

この戦いに敗北しイギリス海峡周辺空域での行動の自由を獲得できなかったドイツ側は、イギリス海峡海上での艦艇の行動の自由も手にすることはできず、グレートブリテン島侵攻計画は発動前に頓挫した。「海洋国家防衛原則」を遵守したイギリスの防衛は完全に成功したのである。

一九三九年九月、ドイツ軍がポーランドに

侵攻すると、イギリスとフランスはドイツに宣戦を布告し第二次世界大戦が勃発した。ドイツはポーランドを占領した後、デンマーク、ノルウェー、オランダ、ベルギーそしてルクセンブルクを占領した。一九四〇年六月二二日、フランス政府はドイツに降伏しヨーロッパ大陸西部はドイツの支配下に入った。

ベルギー、オランダ、フランスを軍門に降《くだ》したヒトラーは、イギリスとは戦火を交えること無くドイツのヨーロッパ大陸での優越を認めさせようと考えていた。しかし、チャーチルが率いるイギリス政府は断固としてドイツのヨーロッパ制覇を認めなかった。そのため、ついにイギリスへ侵攻することに決した。

イギリスへ侵攻すべく、ドイツ陸軍の大軍は狭い海峡を挟んでイギリスと向かい合うフランス沿岸地域に続々と集結した。ドイツ軍の基本戦略は、精強を誇ったイギリス海軍との正面からの戦闘を避け、まずは空軍力によってイギリスの戦闘力を叩いてから、陸軍をイギリス本土に送り込むというものであった。

これに対して、イギリスはグレートブリテン島に一歩たりともドイツ侵攻軍を上陸させないためイギリス海峡での迎撃を基本方針とした。

イギリス海軍はドイツ海軍よりも優勢であったのだが、ドイツがフランスを征服したため、強力なフランス海軍の主力艦隊をドイツが手に入れることになった。もしフランス主力艦隊がドイツ海軍とともにイギリス海峡周辺に押し寄せるならば、イギリス海軍としても海峡の優勢確保は困難になってしまう。

そこでイギリス海軍は、フランス主力艦隊が停泊していたアルジェリアのメルス・エル・ケビール軍港へ海軍機動部隊を派遣して急襲した。イギリス艦隊がフランス主力艦隊に大打撃を与えたため、フランス主力艦隊はフランスのツーロン軍港に逃げ帰り、ドイツ軍のイギリス侵攻に加わることができなくなった。その結果、イギリス海軍はイギリス周辺海域での優勢を維持することが可能になった。

一方、ドイツ航空戦力はイギリス空軍力よりも勝っていると考えられていた。上記のように海軍力の劣勢を挽回することができなかったドイツ軍は、ドイツ空軍によってイギリス海峡上空での行動の自由をドイツの手に握るとともに、海峡を防衛するイギリス艦艇を航空戦力によって撃破してイギリス周辺海域での優勢を確保しようとした。

そこでドイツ空軍は一五〇〇機の爆撃機と一〇〇〇機の戦闘機を投入して、イギリス海峡上空制圧のための航空攻撃を開始することにした。

これに対して、ドイツ空軍と比べると確かに数量的には劣勢と考えられていたイギリス空軍は新型戦闘機スピットファイアーの生産を急いだ。また、八木・宇田アンテナ（一九二〇年代に東北帝国大学の八木教授が原理を突き止め、同大学院生であった宇田が実験を主導し、連名で発表した論文を土台に実用化したアンテナ。その指向性のため欧米の軍部ではいち早く採用し研究を開始したが、日本軍部は民間の研究を受け入れようとはしなかった）からレーダーを実用化していたイギリス軍は、レーダー網を構築しドイツ軍機の動向をいち早く察知するレーダーシステムで沿岸域全域を監視する防空警戒態勢を構築し、ドイツ空軍の侵攻に備えていた。

一九四〇年七月一〇日、海峡上空でドイツ空軍の名戦闘機メッサーシュミットと、イギリスが誇る戦闘機スピットファイアーの間で発生した空中戦により、バトル・オブ・ブリテンの攻防戦が開始された。

第一次世界大戦時の空軍の英雄ヘルマン・ゲーリング国家元帥が陣頭指揮を執るドイツ空軍は、メッサーシュミットや急降下爆撃機を多数投入し、イギリス海峡のイギリス艦船や、イギリス空軍基地、それに港湾を攻撃目標にした。

これに対して、空軍大将ヒュー・ダウディング卿が指揮を執るイギリス空軍は、スピットファイアーなどを投入し、イングランド海峡上空でドイツ空軍を迎え撃った。しかし、イギリスは、パイロットの養成を実戦を通して行わなければならないほど劣勢であった。

やがて、ドイツ軍機がロンドンを爆撃したことからイギリス空軍によるベルリンへの報復爆撃が実施された。一方、それに対する報復として大編成のドイツ軍爆撃機によるロン

2-1-6 イギリスの防空態勢

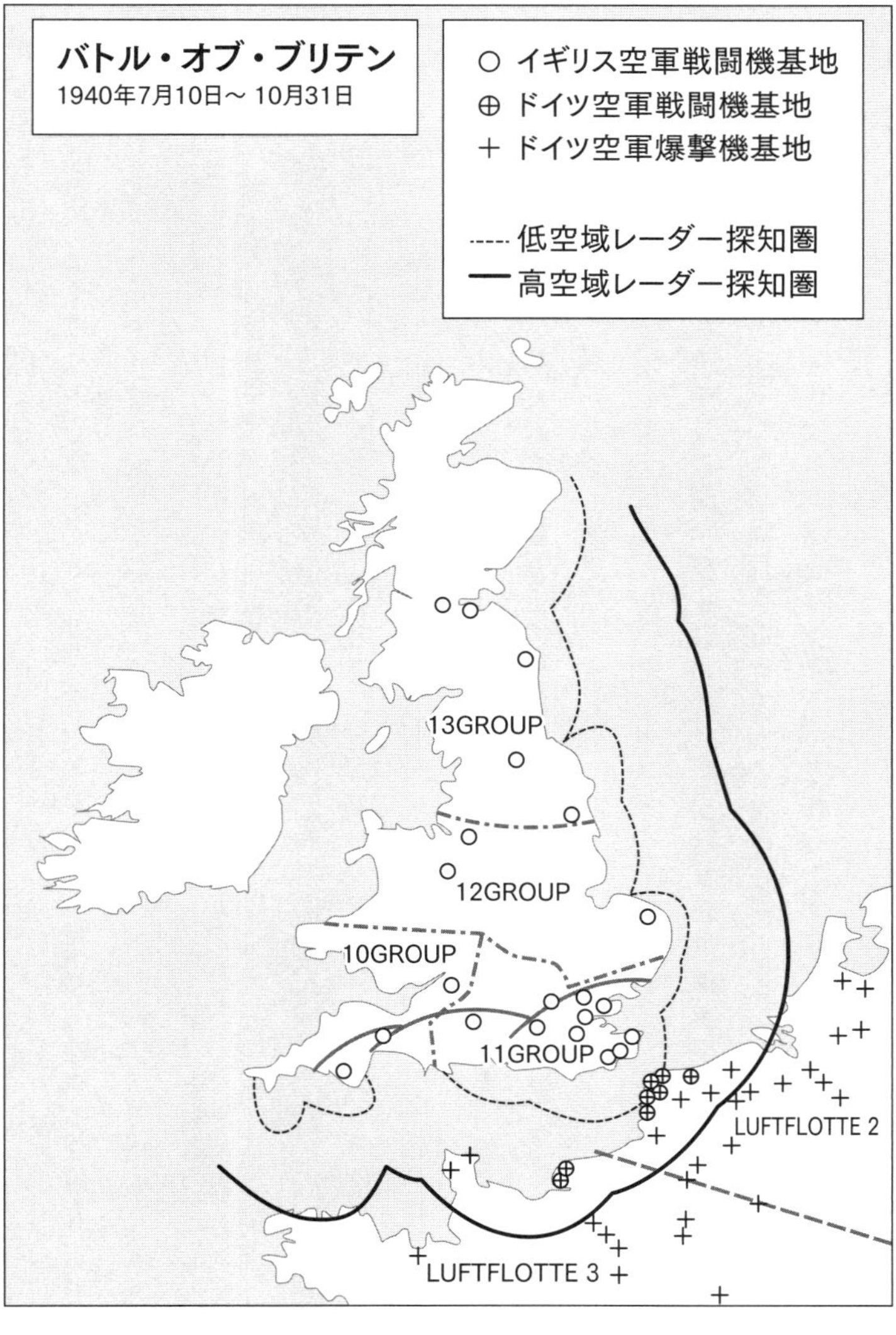
バトル・オブ・ブリテン
1940年7月10日～ 10月31日
○ イギリス空軍戦闘機基地
⊕ ドイツ空軍戦闘機基地
+ ドイツ空軍爆撃機基地
低空域レーダー探知圏
高空域レーダー探知圏
13GROUP
12GROUP
10GROUP
11GROUP
LUFTFLOTTE 2
LUFTFLOTTE 3

ドンに対する無差別爆撃が開始された。

当初は劣勢であったイギリス空軍は、カナダ空軍やイギリス連邦諸国のパイロット、ポーランドをはじめとするドイツに滅ぼされた国々のパイロット、それにアメリカからの義勇軍パイロットなども加わり、徐々に形勢を逆転させた。ロンドン空襲は継続されたもののイギリス軍やイギリス国民の士気を挫《くじ》くには至らなかった。

九月二七日に、ドイツ空軍爆撃機がケント上空で撃墜され、脱出に成功した。そして、ドイツ空軍乗務員四名と、墜落現場に急行したロンドン・アイリッシュ・ライフルという義勇軍部隊の間で銃撃戦が発生した。

この銃撃戦は、長いイギリスの歴史をとおして、最後にイギリス〝本土〟すなわちグレートブリテン島内の地上で行われた外国軍との戦闘である。

劣勢ながらも実戦という訓練を通し生き残った精強なパイロットと、爆撃されてもへこたれないイギリス国民の強靭な意志に支えられたイギリス空軍は、ドイツ軍機に挑み続けた。次第に腕を上げてきたイギリス側のパイロットたち（とりわけポーランド軍パイロットは精強さが鳴り響いていた）の反撃は日を追ってドイツ空軍機を苦しめるようになり、ドイツ軍が計画していたイギリス上陸作戦の前提条件であったイギリス航空戦力壊滅は困難な状況になった。

結局、ドイツ空軍はイギリス空軍を壊滅させるどころかイギリス海峡上空の航空優勢もイギリス側が奪い取られ、ドイツのイギリス上陸作戦は頓挫した。ついに根負けしたヒトラーは、一〇月一三日、イギリス侵攻作戦の延期を命令した。

ドイツ空軍は莫大な数の爆撃機と戦闘機を投入してイギリス海峡での優勢を掌握しようとしたが、外敵にはグレートブリテン島周辺海洋（今回の場合、海上とその上空）における行動の自由を決して明け渡さない、という伝統的防衛方針を貫くべく執拗に空中戦を挑んだイギリス空軍戦闘機に阻まれて、ドイツ空軍はイギリス海峡上空での優勢を維持することに失敗した。

その後も、イギリス海峡上空では、海峡で優勢を占めるべく断続的にドイツ空軍がグレートブリテン島を目指したが、イギリス空軍は三年以上にわたって阻止し続けた。結局、ドイツ軍はイギリス海峡を渡ってグレートブリテン島に上陸することができなかった。

以上のようにイギリスの海洋国家防衛原則に立脚した国土防衛戦は成功した。しかし、自国の領空に対するドイツ空軍の侵入を完全に防ぐことはできず、ロンドンを含む主要都市部や軍事拠点への爆撃を許してしまった。

これは、戦場となったイギリス海峡周辺空域が極めて幅の狭いエリアだったため、イギリス空軍は戦闘の縦深《じゅうしん》（距離的な奥行き）を確保できず、イギリス本土上空までをも戦場にしてしまったからである。

しかし、防衛戦にとっての最大の目的である、敵のわが領域への着上陸侵攻を防ぐという目的は完全に達成できた。バトル・オブ・ブリテンの教訓は、現在に至るまでイギリス空軍の基本戦略に据えられている。

二―二

アメリカ海軍の原点は「航行の自由」にある

海洋国家アメリカは海上交易の安定なくしては国が立ちゆかないため、公海における航行自由原則の維持を国是として掲げている。そのため「航行の自由」の確保がアメリカ海軍最大の任務とされている。

そして、アメリカ海軍が初めて国家間の戦争に投入された際にも、その戦争目的はアメリカ海上交易における「航行の自由」を軍事力で確保することであった。

そのようなアメリカ海軍の原点を示すともいえる海軍初の国家間戦争は、地中海の北アフリカ沿岸で戦われた「トリポリ戦争」(「第一次バルバリ戦争」とも称される)であった。

二一二一 アメリカ海軍の誕生

一七七五年四月一九日、イギリスの植民地から独立するためのアメリカ独立戦争が勃発した。しかし、独立派側には海軍はおろか陸軍も存在しておらず、民兵部隊を寄せ集めての戦争開始であった。

組織立った戦闘の必要性を痛感した独立派の大陸会議は、一七七五年六月一四日、大陸陸軍（Continental Army）を発足させジョージ・ワシントンが総司令官に任命された。引き続いて、一七七五年一〇月一三日、イギリス植民地軍へのイギリス本国からの海上補給を妨害する必要性から、大陸会議は大陸海軍（Continental Navy）の設立を決定した。

そして、イギリス海軍をはじめとする当時のヨーロッパ諸海軍では艦内秩序の維持や敵船への移乗攻撃などに必要な海兵隊が併設されていたのに倣って、一七七五年一一月一〇日、大陸会議は大陸海兵隊（Continental Marines）の設置を決定した。

現在も、六月一四日はアメリカ陸軍の、一〇月一三日はアメリカ海軍の、一一月一〇日はアメリカ海兵隊の、それぞれ誕生日とされている。

しかし独立戦争に勝利を収めた後、誕生間もない民主国家アメリカの人々は、もともと人民を抑圧しかねない実力装置のような存在である常備軍そのものに警戒感と嫌悪感を有していた。そのため、独立の戦いに従事した大陸陸軍、大陸海軍、大陸海兵隊を大幅縮小あるいは解散させてしまった。

ただし、その後いずれも復活させられ、一七八四年から一七九八年にかけて、アメリカ陸軍、税関監視艇部（アメリカ沿岸警備隊の前身）、アメリカ海軍、アメリカ海兵隊が正式に発足している。

話を独立戦争後に戻そう。一七七五年に発足した大陸海軍は、その後解散させられてしまい、財政難に苦慮していた大陸会議は全ての軍艦を売却してしまった。その後、一七八九年にアメリカ合衆国憲法が起草されると、海軍を設置する権限が連邦議会に与えられ、一七九四年になると、ヨーロッパでの不穏な情勢がアメリカの海上交易に悪影響を及ぼしかねなくなってきたのに鑑みて、議会は六隻のフリゲートを建造することを決した（これによって建造された六隻のうちの一隻で、一七九七年に進水したフリゲート「コンスティテューション」は、現在もアメリカ海軍の現役軍艦として稼働しており、海軍の宣伝活動や教育プログラムに従事している）。

フリゲート保有が決定された一七九四年三月二七日が、現在のアメリカ海軍そのものが

2-2-1 疑似戦争当時のアメリカの制海三域

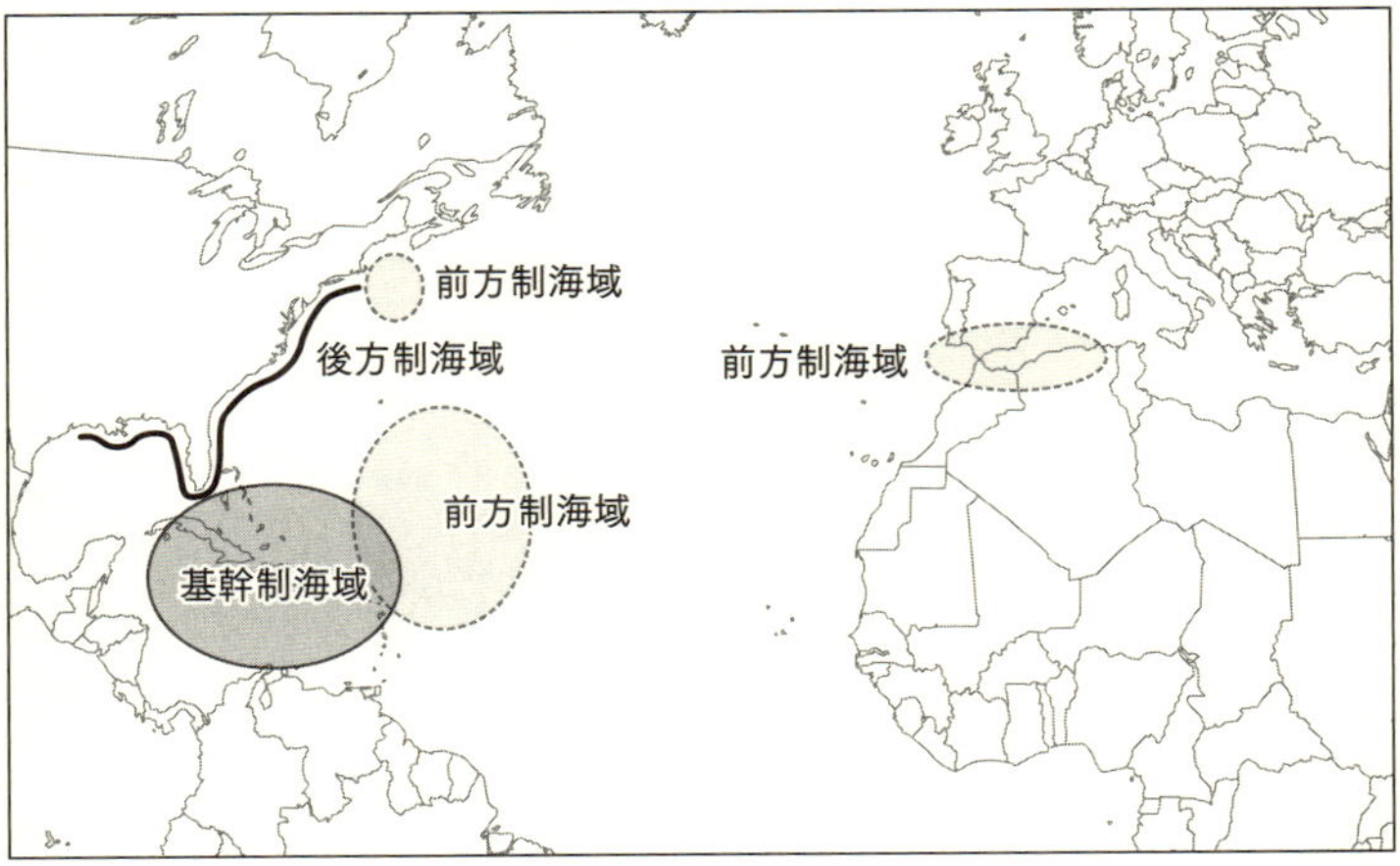

誕生した日とされており、やがて一七九八年四月三〇日に海軍省が設立されて、名実ともにアメリカ海軍が本格的にスタートした。海軍には欠かせない海兵隊も、同年七月一一日にアメリカ海兵隊として再発足した。

発足後間もないアメリカ海軍・アメリカ海兵隊（当時の軍艦には通常海兵隊員が乗り込んでいたため、以下、単に海軍と称する）は、一七九八年から一八〇〇年にかけてカリブ海において「疑似戦争」あるいは「海賊戦争」などと呼ばれたフランス私掠船との断続的な海戦を経験した。これはフランス革命勢力が、革命資金調達のためにカリブ海で商船に対する海賊行為を働いていたため、アメリカの海上交易を保護するために海軍を派遣しフランス私掠船（フランス海軍の船ではないため、

2−2−2 バルバリ諸国

軍艦ではなく私掠船ということになる）としばしば戦闘を交えたのであった。

その後、一八〇〇年九月三〇日、ナポレオン・ボナパルトが第一統領を務めるフランス政府との和解が成立し、カリブ海での戦闘は終結した。

ただし、アメリカの海上交易が危険にさらされていたのはカリブ海だけではなかった。地中海でもオスマントルコ帝国の自治州であったバルバリ諸国が海軍を用いて、ジブラルタル海峡を中心とした地中海の海上交易に脅威を与えていた。バルバリ諸国の海軍はバルバリ海賊と呼ばれ恐れられていた。

アメリカ政府は、バルバリ海賊をあやつるバルバリ諸国を撃破して、アメリカ商船の「航行の自由」を確保するために海軍を派遣した。これが第一次バルバリ戦争あるいはトリポリ戦争と呼ばれる、アメリカ海軍とアメリカ海兵隊にとって初めての海外での戦争ということになった。

二-二-二 トリポリ戦争（第一次バルバリ戦争）

一七〇〇年代後期、地中海に面する北アフリカはオスマントルコ帝国の領域であったが帝国内自治州としてバルバリ諸国と呼ばれていた。それらのうちトリポリ、チュニス、アルジェが中心をなしておりオスマントルコ帝国から州総督（パシャ）が派遣されていた。バルバリ諸国は強力な海軍を組織して地中海を通過する各国商船から通行料を徴収していた。時には商船を襲撃してキリスト教徒を人質にして身代金を巻き上げたりしていたため、バルバリ海賊と呼ばれていたのである。

重要な通商航路帯である地中海を多数の商船が航行していたイギリス・オランダ・フランスはそれぞれ強力な海軍を保有していたため、その海軍力を背景にしてバルバリ諸国を威嚇し通行料は収めなかった。

しかし、貿易競争相手国を妨害するため、それぞれがバルバリ海賊を使って他国の商船を襲わせるなどして、バルバリ海賊の勢力は保たれていた。

二－二－二　身代金が払えないアメリカ

一七七六年に独立宣言をなした後、イギリスとの独立戦争を戦い、一七八三年にイギリスから独立したアメリカ合衆国は、国富を増すため海運業に力を入れていた。しかし、独立以前と違って交易に従事するアメリカ船舶をイギリス海軍が保護することはなくなった。

しかし、独立したばかりで国家財政が豊かでないアメリカにとって、バルバリ諸国が要求する通行料はとても支払える額ではなかった。そのため通行料を「滞納」し続けるアメリカ船籍の商船は、バルバリ海賊により襲撃され、多くの人質もとられてしまう状況が続いた。

それでもアメリカ政府は、財政窮乏のため人質解放の身代金も払えず、人質が奴隷として売り飛ばされてしまう例も発生した（たとえば、アルジェリアに拘束された一一五名の人質の身代金は一〇〇万ドルであり、アメリカ国家予算総額の六分の一以上にも相当した）。

このような状況を打開するため、アメリカ政府はオスマン帝国やバルバリ諸国に特使を派遣し通行料や身代金の減額交渉を行ったが、弱小国アメリカはさんざんに侮辱されて全く相手にされなかった。また、旧宗主国であったイギリスに依頼してロンドンでバルバリ側代表との交渉を続けたが不調に終わった。

一八〇一年にトーマス・ジェファーソンが大統領に就任する直前、アメリカ連邦議会は「バルバリ諸国がアメリカに対して宣戦布告した場合、アメリカ大統領は直ちに六隻のフリゲートから構成される戦隊を差し向けて、通商の安全とアメリカに対する敵対行為を武力制圧することができる」という権限を与える法律を成立させた。

そして、ジェファーソンが大統領に就任するとすぐにトリポリ州総督であったユースフ・カラマンリがアメリカ合衆国に対して通航延滞料として二二万五千ドルを要求してきた。ジェファーソンがこの要求を拒絶すると、一八〇一年五月一一日、ユースフ・カラマンリはアメリカに対して宣戦を布告した。

二-二-二 軍艦「フィラデルフィア」焼却作戦

そこでジェファーソン大統領は、トリポリを海上封鎖するために、アメリカ海軍艦隊をトリポリ沖に派遣した。アメリカ海軍は、当時ナポレオンと敵対していたシシリー島の二つの王国と協力関係を成立させ、トリポリを海上封鎖するための艦隊の補給基地をシシリー島に確保した。また、アメリカ同様にトリポリと対立していたスウェーデン海軍とも協力してトリポリ港の海上封鎖を開始した。

しかしトリポリ港は一五〇門の大砲と二万五〇〇〇名の兵士に守られていた。さらに、トリポリ海軍は一四隻の大型軍艦と一九隻の砲艦（小型の軍艦）を擁していたため、海上封鎖はトリポリ港を遠巻きに行うしかなかった。それ以来、小競り合いはあったものの、海上からの封鎖という睨み合いの状態が長く続いた。

一八〇三年夏になると、ジェファーソン大統領はより積極的に事態を打開するために歴戦の海軍士官エドワード・プレブルを抜擢し、代将として旗艦「コンスティテューション」を与え地中海戦隊の指揮官に任命し、より強力な増援艦隊を派遣した。八月一四日、プレブルが指揮するアメリカ艦隊はトリポリを目指して出港した。

プレブル艦隊が地中海に到着して以降、アメリカ海軍地中海艦隊は積極的な行動に転じた。しかしそのような動きの中で、一〇月三一日、トリポリ海軍小型艦を追撃中の米軍艦「フィラデルフィア」が海図に記されていなかった浅瀬に座礁してしまった。

動きが取れなくなった「フィラデルフィア」はトリポリ海軍によって拿捕されてベインブリッジ艦長以下乗組員三〇七名は捕虜となってしまった。「フィラデルフィア」は、トリポリ港からアメリカ艦隊側に対する浮かぶ砲台として用いられるようになった。

その後、トリポリに勾留中のベインブリッジ艦長からの「『フィラデルフィア』の奪還は困難であるため破壊すべきである」といった報告などを検討した結果、プレブル代将はトリポリ港に侵入して「フィラデルフィア」を破壊する作戦を決行することに決した。

一八〇四年二月一日、ディケーター海軍大尉を指揮官として海兵隊分遣隊を乗せた小型船「イントレピッド」と護衛のブリッグ「サイレン」は、アメリカ地中海艦隊の本拠地シシリアを出撃しトリポリ港沖で機会を待った。

二月一六日一九時頃、マルタ島から来たイギリス商船に偽装した「イントレピッド」は、ゆっくりとトリポリ港に進入し「フィラデルフィア」に近づいていった。もともと「イントレピッド」はトリポリの漁船をアメリカ海軍が拿捕して艦隊に加えたものであったためトリポリ側はこの〝小型商船〟を気にも留めなかった。

座礁している米軍艦「フィラデルフィア」に接舷したディケーター大尉は、当初はトリポリ海軍側を騙して「フィラデルフィア」に乗り移ろうとしたが、トリポリ海軍が怪しんだため、結局「フィラデルフィア」に海兵隊員とともに強行移乗して短時間の白兵戦の末に「フィラデルフィア」を占拠した。

ディケーター大尉は可能ならば「フィラデルフィア」を取り戻そうとしたが、出帆できる状態にはなかったうえ、小型の「イントレピッド」ではとても曳航することはできなかった。そこでプレブル代将の指令どおり「フィラデルフィア」を燃やすことにして、船のあちこちに火をかけ部下たちを「イントレピッド」に引き上げさせた。

十分に火が回るのを確認して、最後にディケーターが「イントレピッド」に引き上げると、「フィラデルフィア」は猛火に包まれ弾薬が装塡してあった大砲が暴発し始めてトリポリの町や砲台めがけて砲弾が飛び散り出した。やがて火達磨になった「フィラデルフィア」は漂流し、トリポリ港入口付近に沈没した。

混乱に紛れて、「イントレピッド」と港外で待機していた護衛艦「サイレン」はトリポリ港を離脱し、シシリアに向かった。二月一八日、襲撃部隊は無事にシシリアに帰還した。トリポリ港襲撃を通して、アメリカ海軍・海兵隊は一名が軽傷を負っただけで全く損害はなかった。

当時ナポレオン戦争のためフランスツーロン港を海上封鎖していたイギリス海軍のホレーショ・ネルソン提督は、この襲撃事件発生後直ちに報告を受け「現代で最も大胆で勇敢な行為である」とアメリカ海軍を激賛した。

アメリカ本国では、ディケーター大尉が国民的英雄となった。そして、プレブル代将とディケーター大尉はアメリカだけでなく、キリスト教徒の敵であるイスラム教徒を打ち破った英雄として法皇ピウス七世が公式に讃えた。

二－二－三 軍艦「イントレピッド」の悲劇

プレブル代将は、一気にトリポリ側を屈服させるためトリポリ海軍に対してさらに攻勢をかけ、幾度か襲撃を繰り返した。しかし、アメリカ地中海艦隊にはトリポリ港の砲台やトリポリ市街を破壊するだけの決定的に強力な火力が欠乏しており、攻勢を維持してもトリポリ州総督を弱気にさせることはできなかった。実際に、人質となっているベインブリッジ艦長以下「フィラデルフィア」の乗務員たちを解放する交渉も好転しなかった。

そこで猛将プレブル代将は、トリポリ砲台に守られトリポリ港にこもっているトリポリ海軍艦隊に火船（ファイアーシップ、火を付けた船を敵船に突っ込ませ、敵船も燃やしてしまう戦法）攻撃を仕掛けて一気に葬り去り、ユースフ・カラマンリ州総督を追い込む作戦計画を立てた。

米軍艦「フィラデルフィア」焼却作戦で活躍した「イントレピッド」を今回は〝洋上火山船〟として敵艦隊に突っ込ませることとし、一〇〇樽の火薬と一五〇発の砲弾を積み込み、リチャード・ソマーズ大尉と部下一二名が乗り込んで、九月四日夜、護衛の小型船とともにトリポリ港に接近した。

護衛艦が港外で待機する中、爆破船「イントレピッド」と一三名の特殊作戦隊員はトリポリ港奥のトリポリ海軍艦隊に近づいていった。二〇時半頃、トリポリ海軍側が接近する「イントレピッド」に気が付き海岸砲で攻撃を開始した。その砲弾が火薬と砲弾が満載された「イントレピッド」に命中して、一三名の隊員もろとも大爆発を起こしてしまった。

一説には、「イントレピッド」を発見したトリポリ海軍が臨検隊を送り込んだため、もはやこれまでと観念したソマーズ大尉たち決死隊が爆薬に火をつけ自爆したともいわれている。いずれにせよ、トリポリ艦隊に到達する以前に米軍艦「イントレピッド」は爆沈してしまったのだ。

このように、「イントレピッド」によるトリポリ港襲撃は悲劇に終わり、その直後の一八〇四年九月一〇日、それまで一年間にわたりトリポリ海軍に対して攻撃を加え続けてきたエドワード・プレブル代将は、増援艦隊を率いて到着したサミュエル・バロン代将に地中海艦隊司令官の職を譲ることとなった。プレブル代将のもとでトリポリ封鎖戦に携わった海軍将校たち「プレブル・ボーイズ」の多くは、一八一二年に勃発するイギリスとの戦争で大活躍することになる。

二―二―二―四 デルナ要塞攻略戦

積極的攻勢策をとった猛将プレブルとちがい、バロン代将はトリポリ港を遠巻きにする海上封鎖策に戻した。そして、再び事態に動きはなくなり、米軍艦「フィラデルフィア」の乗員を含むアメリカ人やキリスト教徒の人質も解放されない状況が続いた。

「イントレピッド」襲撃作戦が失敗する以前より、陸軍将校から駐チュニス米国領事に転じ、領事退官後はアメリカ海軍地中海艦隊顧問を務めていた人物にウィリアム・イートンがいた。彼は、弟のユースフ・カラマンリにトリポリ州総督の後継権を奪われてエジプトに亡命していたハメット・カラマンリと接触していた。そして彼を旗頭にしてユースフ・カラマンリ州総督を打倒する戦略の実施を図っていた。

イートンは、トリポリ州総督の座をハメット・カラマンリの手に取り戻させるために米国は資金と弾薬を提供する、そしてイートンを将軍に任じ、陸上攻撃部隊の司令官として作戦の指揮を執る、という内容の契約を交わした。この契約は国務長官マジソンに報告されたが、上院での承認は与えられなかった。

2-2-3 デルナ要塞攻略戦

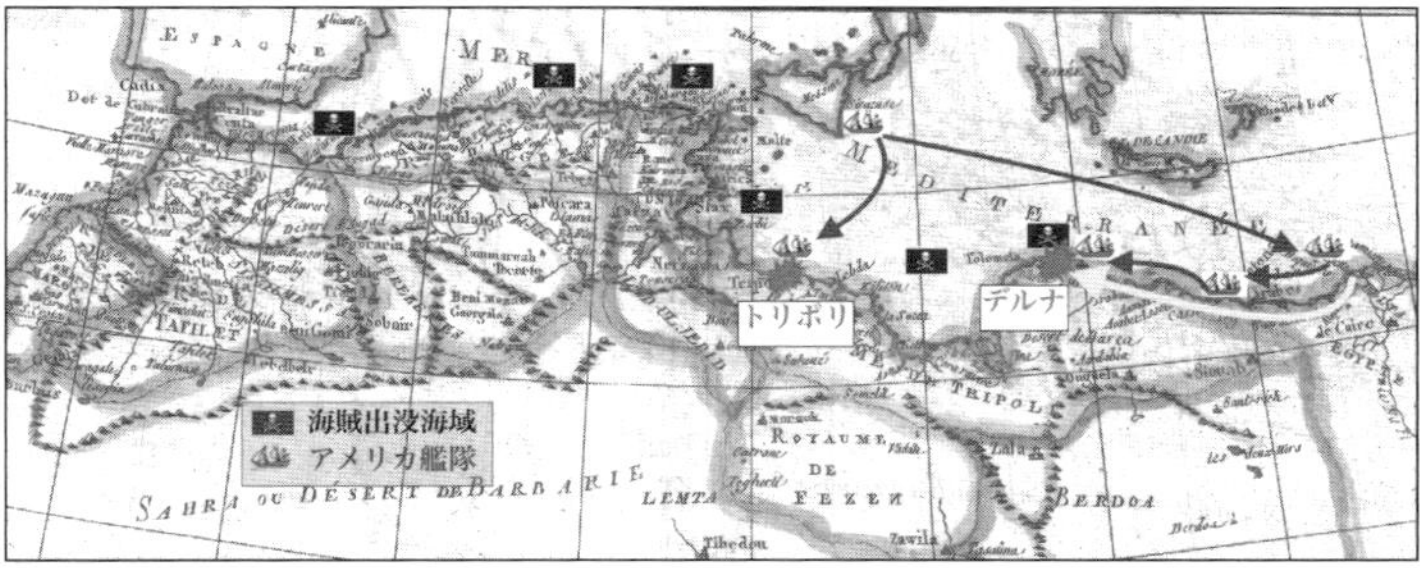

イートン〝将軍〟は、アメリカ海軍地中海艦隊の新司令官バロン代将に一〇〇名程度の海兵隊の派遣を要請した。しかし、バロンはプレスリー・オバノン海兵隊中尉を指揮官とするわずか一〇名で構成される海兵隊分遣隊（オバノン中尉、海兵隊員七名、海軍士官候補生二名）の派遣しか許可しなかった。ただし地中海艦隊は、海兵隊とイートン〝将軍〟の軍隊がエジプトからトリポリに進撃する間、海上から軍艦によって補給を継続することを約束した。

オバノン中尉が率いる海兵隊分遣隊は、エジプトのアレクサンドリアに上陸すると、およそ五〇〇名の傭兵隊を募集し侵攻部隊を組織した。一八〇五年三月六日、イートン将軍はオバノン中尉の海兵隊と傭兵隊を率いて、ハメット・カラマンリとともに港町デルナを目指して進発した。海岸沿いの砂漠での八〇〇キロにわたる進軍であったが、海上からアメリカ艦隊による補給がなされた。

しかし、イスラム教徒のアラブ人とキリスト教徒のギリシャ人からなる傭兵隊は宗教的対立がもとで内輪もめをしたり、反乱を企てたりと、行軍は難航した。それでも四月二七日、様々なトラブルを乗り越えてイートン将軍と海兵隊オバノン中尉が率いる傭兵部隊はデルナ攻撃の拠点の港町ボンバに到着した。そして、ハル海軍大尉が率いるアメリカ艦隊から補給を受けるとともに、傭兵に対する報酬の支払を済ませた。

攻撃準備を整えると、その日のうちに攻撃を開始した。イートン将軍が率いる海兵隊とギリシャ傭兵部隊がデルナ要塞の攻撃を担当し、ハメット・カラマンリが率いるアラブ傭兵部隊は防御の手薄なデルナ知事官邸方面を攻撃し、ハル海軍大尉の艦隊は海上から支援砲撃を実施した。

一四時二五分、デルナ防御軍の主力がたてこもる要塞には、先陣を務めるオバノン中尉の海兵隊の部隊が突入し激戦が始まった。要塞防御を支援するため、デルナ守備隊が要塞に集結したためアラブ傭兵部隊はデルナの町に進撃した。

オバノン中尉の陣頭指揮のもと勇敢に戦った海兵隊とギリシャ傭兵部隊は要塞を占領し、オバノン中尉がアメリカ国旗を掲げた。分捕った要塞の大砲で後続してくるアラブ傭兵部隊を支援したため、一六時までにデルナ要塞はアメリカ側の手に落ちた。

トリポリからユースフ・カラマンリ州総督が奪還部隊を送り込んでくるのに備えて、デルナ要塞をイートン将軍が指揮を執るアメリカ軍の防御陣地として再防備を固め、ハメット・カラマンリは知事公邸に突入して周囲にはアラブ傭兵部隊が陣地を構築した。沖合には、アメリカ海軍ブリッグ「アルガス」（二九九トン、三二ポンドカロネード砲一四門、二四ポンドカロネード砲一六門、一八ポンド砲二門、一二ポンド砲二門）が待機した。

五月一三日、州総督の軍勢がトリポリからデルナ要塞に押し寄せた。前線に位置するアラブ傭兵隊は苦境に陥ったが、デルナ砲台からの砲撃と米軍艦「アルガス」からの艦砲射撃がトリポリ軍に集中し始めると、トリポリ軍は潰走した。以後も、しばしば小部隊がデルナ要塞に接近したが、「アルガス」からの艦砲射撃やデルナ要塞を守備する海兵隊と傭兵隊によって駆逐された。

イートン将軍は、海兵隊と海軍それに傭兵隊を率いてトリポリを攻略し、長年対峙したバルバリ戦争を終結させる作戦を立てた。六月に入ると、イートンはいよいよ出撃するためにバロン代将に海兵隊増援軍の派遣を要請した。しかしバロン代将からは、ジェファーソン大統領の特使である国務省のトビアス・レアー（初代大統領ワシントンの私的秘書であった）とユースフ・カラマンリ州総督との終戦交渉が妥結するので、直ちにエジプトへ撤退せよとの命令がくだされた。

結局、六月一〇日に、米国とトリポリの間で終戦協定が取り交わされ、米国が六万ドルを支払い、フィラデルフィアの乗員をはじめとする人質を解放することで、アメリカ国務省は手を打ってしまった。

国務省の身代金支払いという措置に激怒し、かつハメット・カラマンリとの約束も果たすことができず、傭兵部隊にも十分な支払いができなかったため失意のうちにアメリカに引き上げたイートン将軍であったが、アメリカ国民からは英雄として大歓待を受けた。

同様に、デルナ要塞攻略戦で先陣を務めアメリカ国旗をデルナ砦に掲げたプレスリー・オバノン海兵隊中尉も大英雄として迎えられた。オバノン中尉の勇戦に敬意を表したハメット・カラマンリは、勇者を称えるマムルーク剣をオバノンに贈った。この時に贈られたマムルーク剣をもとにして海兵隊士官の軍刀が制定され、現在もアメリカ海兵隊将校の名誉ある制式装備品となっている。

二－二－五　戦争目的は「航行の自由」

アメリカ海軍にとっての初めての対外戦争の経緯は上記のようなものであった。海軍だけでなく軍隊最大の使命は、いかなる理由に基づくにせよ外敵と戦うことになった場合には、敵を撃破して勝利を手にしなければならないことにある。ただし、あくまでそれは軍隊自身の使命であって、国家レベルでより重要なのは、「なぜ軍隊を用いるのか？」、すなわち「戦争の目的はいかなるものなのか？」という点にある。

アメリカ海軍にとり初陣であったトリポリ戦争のアメリカという国家にとっての戦争目的は、ジブラルタル海峡から地中海にかけてのアメリカ商船の「航行の自由」を確保して海洋国家アメリカの経済的発展の根幹となる海上交易の安全性を高める、ことであった。そして、新生アメリカ海軍は「航行の自由」を擁護するために対外戦争を行い、勝利を収めたのである。

そのため、この初陣の経験はアメリカ海軍という組織のＤＮＡにすり込まれ、今日に至るまでアメリカ海軍が戦う究極の目的は「海洋国家アメリカにとって必要不可欠である海上交易が潤滑になされるために、世界中の海で『航行の自由』を脅かす敵を打ち破る」ことにあると確信されているのである。

二ー三 日本の国防思想における伝統的気質の形成

イギリスと地形的に類似している日本でも、それほど頻繁ではなかったものの、古くは朝鮮半島や中国大陸からの侵攻に曝された経験が少なくない。それらの経験の中から、イギリスとは異なった国防思想が誕生し、やはり現代まで受け継がれている。

日本人の伝統的気質にすり込まれた国防思想をひと言でまとめると、「外敵を海岸線で迎え撃ち、上陸してきた敵は地の利を生かして陸上の戦闘によって撃滅する」ということになる。

二－三－一　対馬・壱岐・九州北部沿岸への侵攻

アメリカが黒船を送り込み日本に対し軍事的恫喝を加える以前に日本が被った外敵による侵略としては元寇が名高く、あたかも唯一の外国による対日侵略の企てであったかのように思われている。しかし西暦八〇〇年代から一四〇〇年代前期にかけての六〇〇年ほどの間に、数度にわたって朝鮮半島方面から対馬、壱岐、九州沿岸地域に対する侵略の企てがなされている。

そして、それらを「打ち破った」成功体験は、日本人の伝統的気質に定着していくのである。

二－三－一－一　新羅寇

西暦八〇〇年代、朝鮮半島の新羅では内紛が続き政情が不安定であった。その新羅から

2-3-1 新羅寇

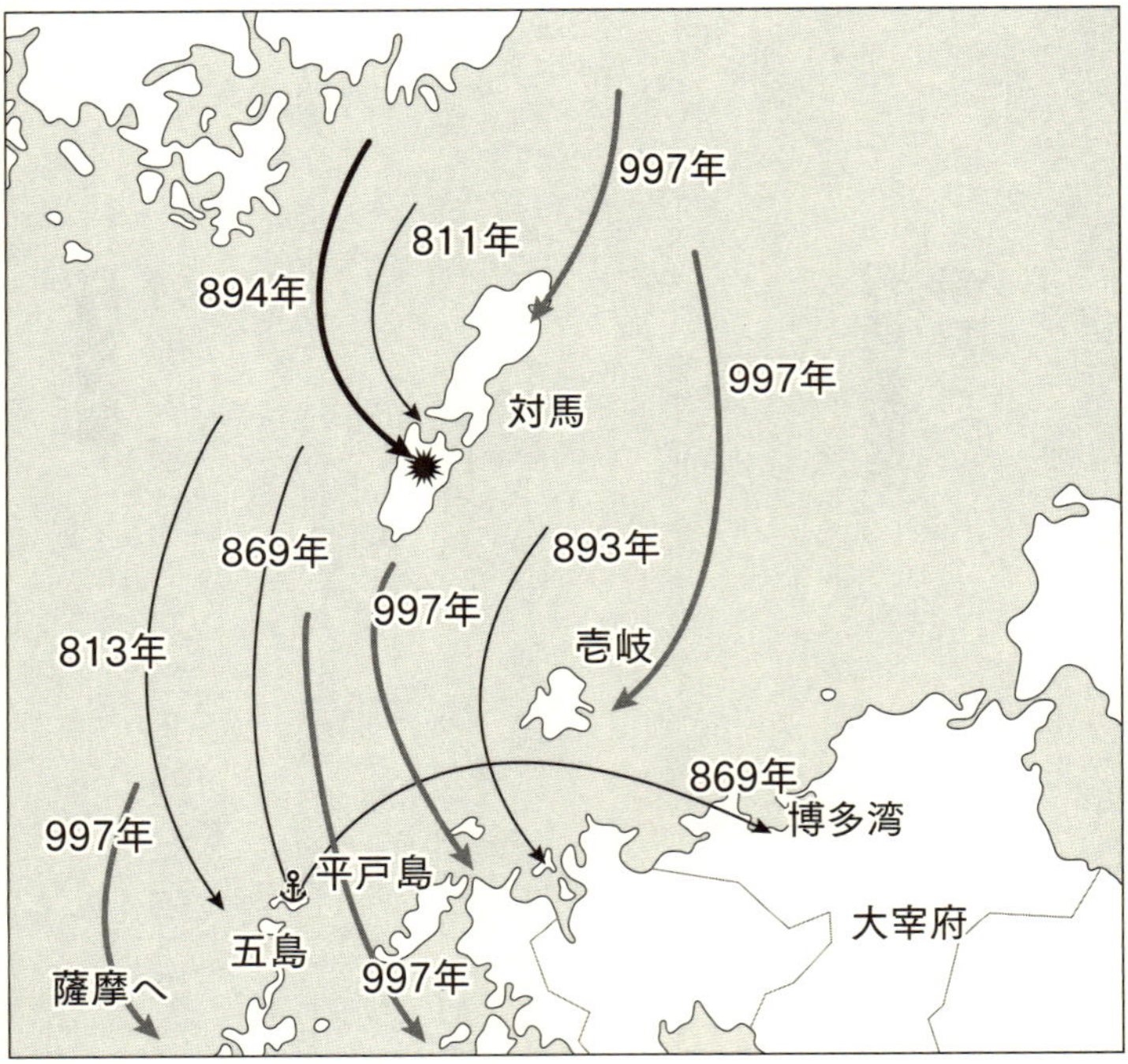

海賊が対馬や壱岐、それに九州沿岸地帯に侵入し略奪を企てる事件がしばしば発生し、新羅寇と呼ばれた（八一一年、八一三年、八六九年、八九三年、八九四年、など）。新羅寇は国家とは無関係の海賊集団であり、規模もそれほど大きくはなかった。

日本側の対抗策は、九州沿岸や対馬に弩師《どし》・防人《さきもり》と呼ばれた防衛部隊を配置して新羅の襲来に備えるとともに、「日本は神国であり、敵の船は日本侵攻前に沈没する」といった内容の告文《こうもん》を各神社に奉るといったものであった。

二－三－一－二　刀伊の入寇

朝鮮半島に高麗国が誕生すると新羅寇は絶え、九州沿岸防備も自然となされなくなったが、九九七年には、高麗の海賊が対馬、壱岐、九州北岸、薩摩半島、大隅半島などを襲撃している（長徳の入寇《にゅうこう》）。

そして一〇一九年には三〇〇〇人ほどの刀伊《とい》と呼ばれた女真《じょしん》族の海賊がおよそ五〇隻の船に乗り込み対馬を襲撃し、殺人・略奪・放火を繰り返した。対馬の国司は大宰府への脱出に成功したものの、多くの島民が殺害されたり拉致されたりしてしまった。牛馬家畜類はみな食われてしまったという。

対馬の略奪に続いて刀伊海賊は壱岐島を襲撃した。壱岐国司藤原理忠《まさただ》は手勢一五〇名ほどで迎撃したが、貫通力に優れた弓矢と集団戦法で襲いかかる三〇〇〇名の海賊軍によって全滅させられた。

刀伊海賊は壱岐国分寺へ攻め込んだため、僧侶を中心に島民たちも必死の抵抗を試みた

2-3-2 刀伊の入寇

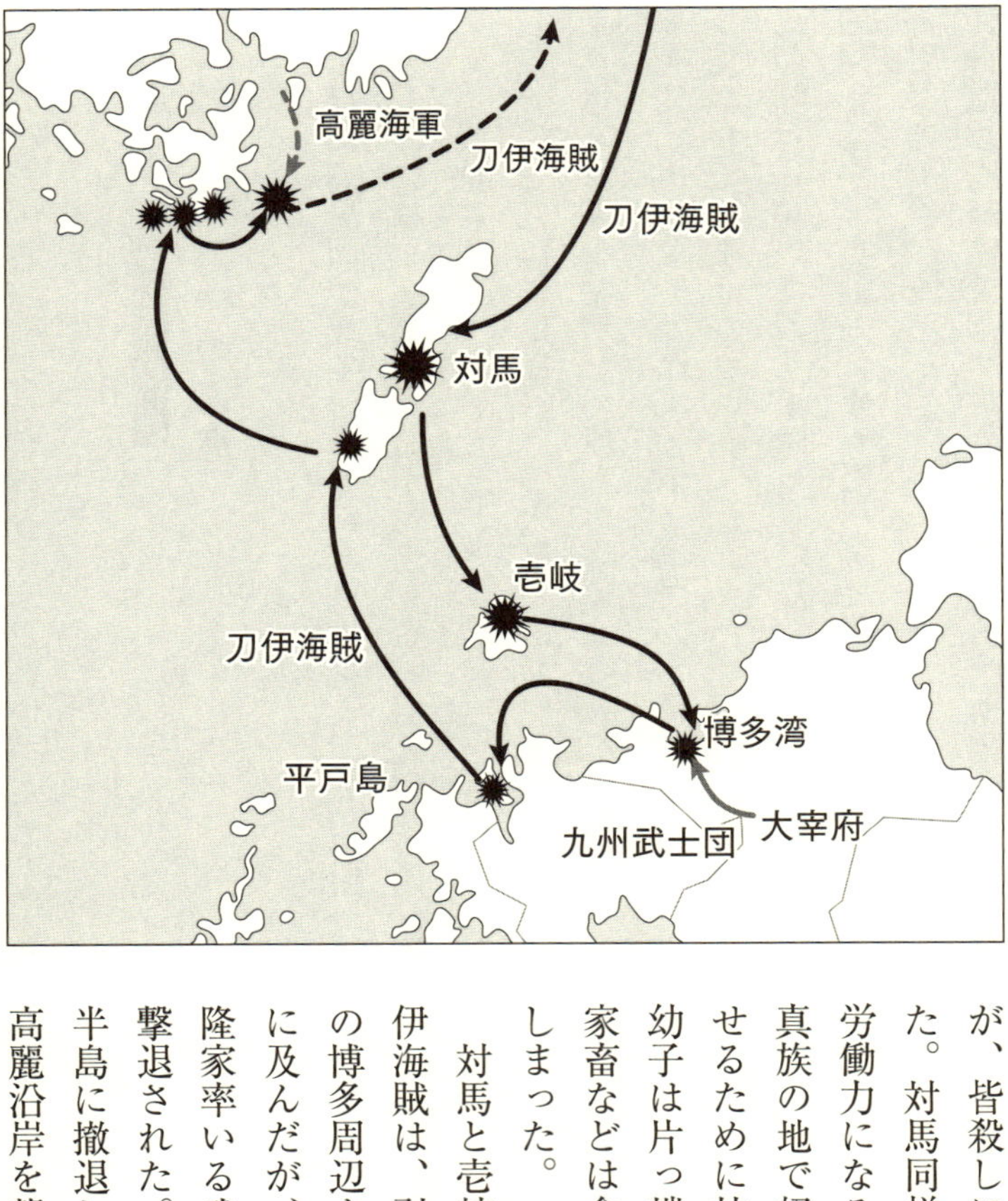

が、皆殺しにされてしまった。対馬同様に壱岐でも、労働力になる壮年男女は女真族の地で奴隷として働かせるために拉致し、老人や幼子は片っ端から殺され、家畜などは食い荒らされてしまった。

対馬と壱岐を荒らした刀伊海賊は、引き続いて現在の博多周辺まで侵入し略奪に及んだが、大宰権帥《ごんのそち》藤原隆家率いる武士団によって撃退された。九州から朝鮮半島に撤退した刀伊海賊は高麗沿岸を襲撃したが、高麗海軍によって撃破された。拉致された日本人二七〇名は高麗海軍によって救出され高麗国から日本に送還された。

二-三-一-三　文永の役

刀伊の入寇から二〇〇年ほど経た文永一一年（一二七四年）に、元（蒙古）と高麗の連合軍が日本領域を侵攻した第一次元寇（文永の役）が起きたが、それ以前に鎌倉幕府は、元・高麗軍来襲の情報をキャッチしていた。

そこで鎌倉幕府は、敵の侵攻予想地点である博多湾沿岸部で待ち受けて撃退する戦略を採用。九州北部沿岸地帯の警備を厳重にした。

一二七四年一〇月、九〇〇隻の軍船に分乗して高麗を出発したおよそ三万名の蒙古・高麗軍は対馬に上陸侵攻した。対馬の防衛力は、対馬守護少弐《しょうに》景資《かげすけ》の代官であった宗資国《そうすけくに》が指揮する兵力八〇騎余りの武士だけであった。

一〇月五日の夕方、現在の対馬市厳原町《いづはらまち》小茂田浜に上陸した兵力およそ一〇〇〇名の侵略軍先鋒部隊に対して、わずか八〇騎の小勢で迎え撃った宗資国軍は奮戦の甲斐なく全員

2-3-3 文永の役

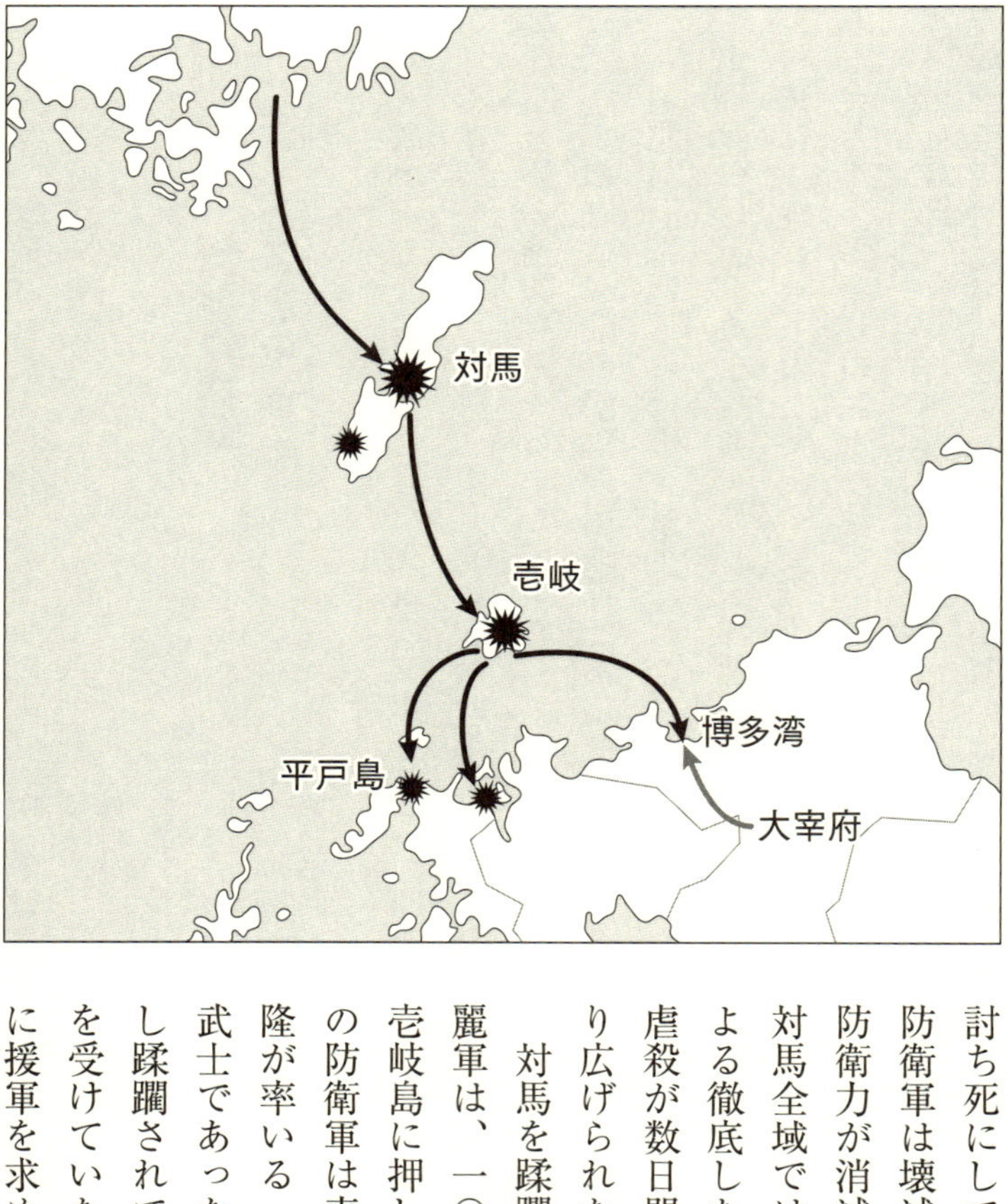

討ち死にしてしまい対馬の防衛軍は壊滅してしまった。防衛力が消滅してしまった対馬全域では侵略軍兵士による徹底した略奪・強姦・虐殺が数日間にわたって繰り広げられた。

対馬を蹂躙した蒙古・高麗軍は、一〇月一四日には壱岐島に押し寄せた。壱岐の防衛軍は壱岐国守護平景隆が率いる一〇〇騎余りの武士であった。対馬が全滅し蹂躙されている旨の連絡を受けていた平景隆は筑前に援軍を求めていたが、援軍の到着前に侵略軍の侵攻を受けてしまった。

上陸してきた侵略軍に対して平景隆軍は果敢に防戦をしたものの、圧倒的な兵力で押し寄せる侵略軍は爆裂弾（〝てつはう〟と呼ばれた）や弩弓《どきゅう》（横向きの強い弓で飛距離・貫通力ともに和弓に勝っていたうえ、速射が可能であった）といった強力な兵器を使用していたため、防衛軍はあえなく敗退してしまった。

平景隆は、侵略状況を大宰府に報告させるために家来を脱出させると、一族すべてと自害してしまい壱岐防衛軍も消滅してしまった。そのため、壱岐島でも侵略軍による略奪と島民に対する残虐行為が展開され、生き残った島民はわずか数十名と言われている。

対馬と壱岐で生け捕りにされてしまった島民（ほとんどが女性と言われている）は、手の甲に穴を空けて数珠繋ぎにして、軍船の船腹に吊るしたとの記述が「日蓮聖人註画讃《ちゅうがさん》」に見受けられる。「高麗史」には、高麗軍将軍の金方慶《キムバンギョン》が高麗国王に拉致した日本人二〇〇名を奴隷として献上した記録が記されている。

対馬と壱岐を侵略した蒙古・高麗侵略軍は博多湾に攻め込み、世に名高い文永の役が展開され、結局は蒙古・高麗軍は撃退されるわけである。しかし、九州本土における陸上戦闘以前に、対馬と壱岐の二つの離島での島嶼防衛には完全に失敗し多数の日本人が犠牲になってしまった。

この事例で明らかなように、鎌倉幕府は敵の来襲の情報を把握しており、軍船を対馬や九州北部沿岸に配置して、日本と朝鮮半島の間に横たわる海洋での防衛戦を考える余地はあったのだが、そのような防衛のために海洋戦力を準備しようとした形跡は見当たらない。結局、新羅寇や刀伊の入寇の時代と同じく、海を越えて侵攻してくる外敵を陸地で待ち構えて地上戦で撃破するという戦略が採用された。そのため、九州本土での戦闘以前に対馬と壱岐の二つの離島では十二分な防衛戦力を配備しておくには至らず、離島は見捨てられた形となったのであった。しかしながら、九州本土沿岸における陸上戦闘で侵略軍を撃退したため、防衛戦略の見直しや海軍の構築などの発想が誕生することはなかった。

二―三―一―四 弘安の役

文永の役以後、九州の水軍によって高麗に復讐戦を仕掛けるというアイデアが生じたものの、大規模な海軍を編成し対馬や壱岐そして博多に配備して、対馬から博多沖にかけての海域で迎え撃つという戦略は誕生しなかった。

ただし九州沿岸の水軍（海運などに従事する武士集団）を動員すると共に、博多湾に侵

2-3-4 弘安の役

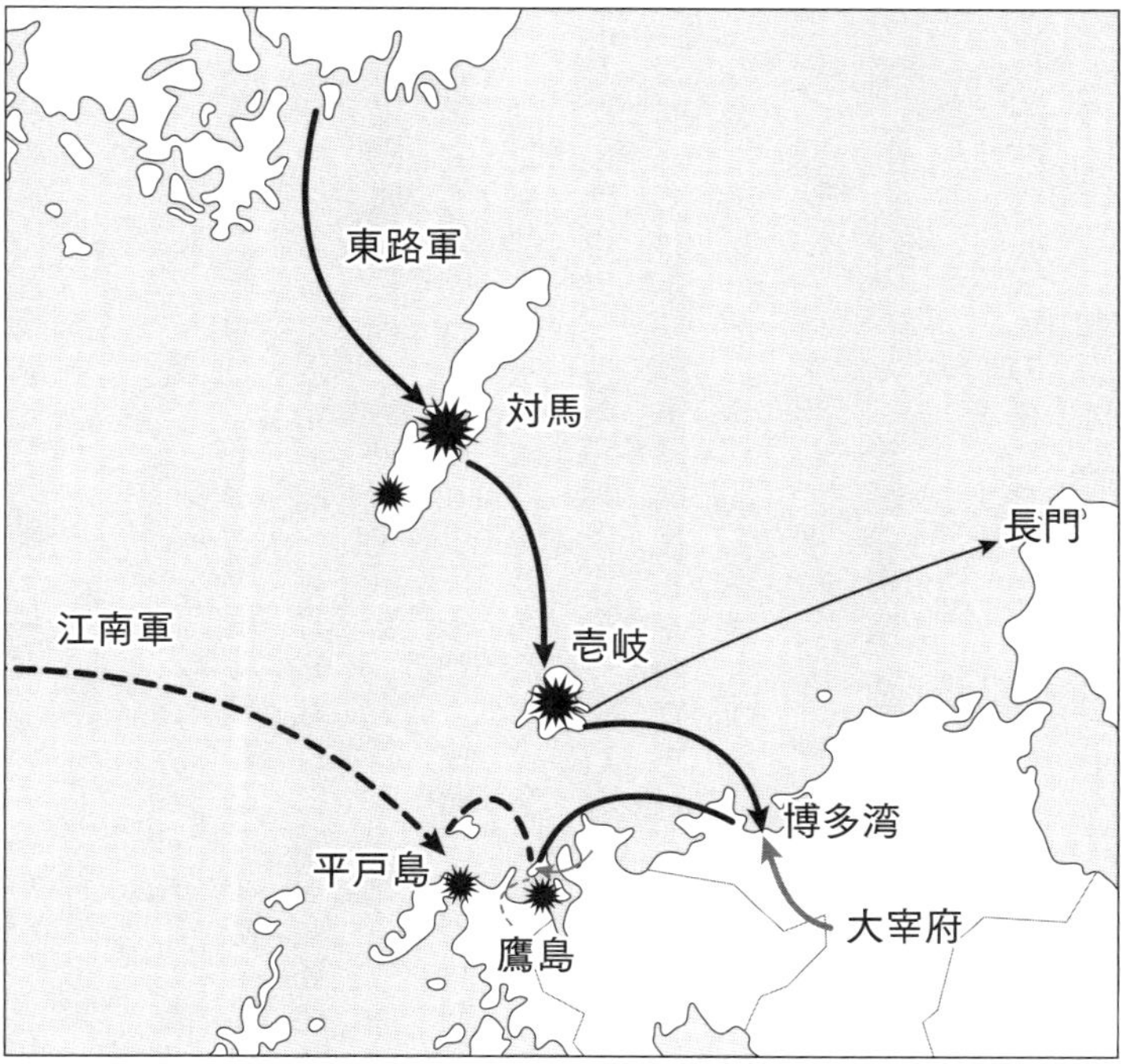

入した敵の大型軍船に小舟で接近し切り込む戦法は準備された。また、九州防衛の拠点である大宰府の防御を固めるため、博多湾沿岸一帯には侵略軍の上陸を阻止するための石築地《いしついじ》（石を積んで築いた防塁）が建設された。

文永の役に際して壊滅状態に陥った対馬と壱岐にはそれぞれ宗盛明《そうもりあきら》（文永の役の際に戦死した宗資国の次代）と少弐資時《すけとき》（大宰府に陣をおく日本防衛軍総大将少弐経資《つねすけ》の三男で弱冠一九

歳）が小勢の武士団を率いて防衛の任についていたが、九州本土のような防塁は構築されなかった。

弘安四年（一二八一年）五月二一日、高麗から九〇〇隻の軍船に分乗し大宰府を目指す蒙古・高麗軍およそ四万二千が対馬に殺到した。小勢の日本防衛軍はたちまち壊滅し再び略奪の限りを尽くした侵略軍は、五月二九日には壱岐島を襲撃した。壱岐防衛軍は船匿城《ふなかくじょう》に立籠って防戦に努めたものの全滅し、大将少弐資時も多数の毒矢を受けて落命した。対馬同様壱岐でも残虐行為が繰り広げられ、侵略軍は暴行略奪の限りを尽くした。

蒙古・高麗軍は六月六日には博多湾に侵入を開始した。しかし、防塁に阻まれ上陸侵攻に失敗した侵略軍は、博多湾の能古島や志賀島に軍船を係留して長期戦の構えを見せた。

それに対して日本防衛軍は準備していた戦術どおりに小舟に乗り込んでそれらの軍船に斬り込みを実施したところ、侵略軍は大いに混乱した。

日本側の反撃は昼夜を問わず継続して敢行されたため、蒙古・高麗軍は軍船に乗って壱岐まで撤退した。そして、後続の南宗江南軍一〇万（南宗は元の属国となっていた）を待ち受けることにした。

そこに肥前松浦水軍の軍船を中心とする日本軍船が突入したため、侵略軍は本拠地を肥前（現在の佐賀県）鷹島付近に移して江南軍の到着を待った。

ようやく江南軍と合流し一四万の大軍となった侵略軍は九州本土への上陸戦を開始しようとしたものの折からの大暴風雨（いわゆる神風）により軍船が沈没し、上陸した侵略軍将兵は防衛軍の武士たちによりことごとく討ち取られ（ただし、無理やり参戦させられた南宋人兵士たちは助命された）、侵略軍は壊滅した。

文永の役と同じく、日本側の防衛態勢の基本原則は、博多湾に接近し上陸侵攻を企てる敵侵攻軍を博多湾沿岸域で待ち構えて迎撃するというものであった。しかし、文永の役と違い、敵をすんなりと上陸させないために海岸線沿いに防塁を築くと共に、博多湾などで停泊する敵軍船に小舟で近寄って襲撃する戦法も用いたため、敵侵攻軍の上陸を阻止することができ、地上での大規模な戦闘は発生しなかった。

今回も海軍が編成されることはなかったが、沿岸海域での海戦による防衛戦が侵攻軍の上陸阻止に大いに貢献したものと考えられる。

陸地だけで待ち構えるのではなく、ほんのわずかとはいえ海に出撃して侵攻軍を迎撃したことにより大規模上陸を防ぐことができたのであるが、この経験で海洋での防衛の重要性を認識するまでには至らなかった。それだけでなく、海洋での防衛戦闘の記憶は急速に失われてしまった。

二－三－一－五 「神国は侵略されない」という伝統的気質の誕生

二度の元寇では、対馬と壱岐の住民は壊滅的な略奪を被ってしまった。すなわち局所的な防衛（離島防衛）は完全に失敗してしまった。とはいっても、二度とも蒙古・高麗軍は撤退あるいは海の藻くずと消えたため、結果的には、日本の防衛は成功したとみなされている。

離島部である対馬や壱岐は壊滅してしまったのであるが、鎌倉時代当時の幕府や朝廷には、対馬や壱岐といった離島部を防衛しようという強い意識はあまりなかったと考えられる。したがって、離島防衛の失敗というよりは、そもそも離島の防衛に大きな努力はせず見捨てられていたと表現すべきかもしれない。

ともかく、元寇という数百年に一度の国難に際して、日本の防衛は奇しくも四〇〇年近く昔の新羅寇に際しての「日本は神国であり、敵の船は日本侵攻前に沈没する」という告文のごとく「神風」が巻き起こり撃退されてしまった。「神風」という願望が現実化したのである。

その結果、元寇での「輝かしい勝利」は「日本は神国であり、神風が外敵の侵攻を未然に沈めてしまう」という思想をますます流布させて、日本人自身の成功体験に裏打ちされた「たとえ外敵が上陸しても必ず撃退できるのだ」という思想を、日本人の気質へと内面化させる決定的な原動力となったのである。

二—三—一—六　応永の外寇

元寇後しばらくは北九州沿岸地帯の防備を緩めなかった幕府も、その後数十年間にわたって外敵の脅威を受けなかったため、外敵の侵攻など歴史的経験となっていた。また、元寇によって「神国日本は神風で護られる」という思想が芽生えたおかげで、文永の役の後には石塁を構築し沿岸防備を固めたり、弘安の役に際しては小舟で敵船を襲撃したり、小規模ながらも水軍を編成して壱岐で態勢を立て直す侵略軍軍船に反撃を加えたりといった、外敵の侵攻軍に対抗する戦術を編み出したにもかかわらず、元寇以後には石塁が増強されたり本格的な海軍を編成したりといった動きは見られない。そのような時に発生したのが応永の外寇と呼ばれる李氏朝鮮軍の侵攻である。

2-3-5 応永の外寇

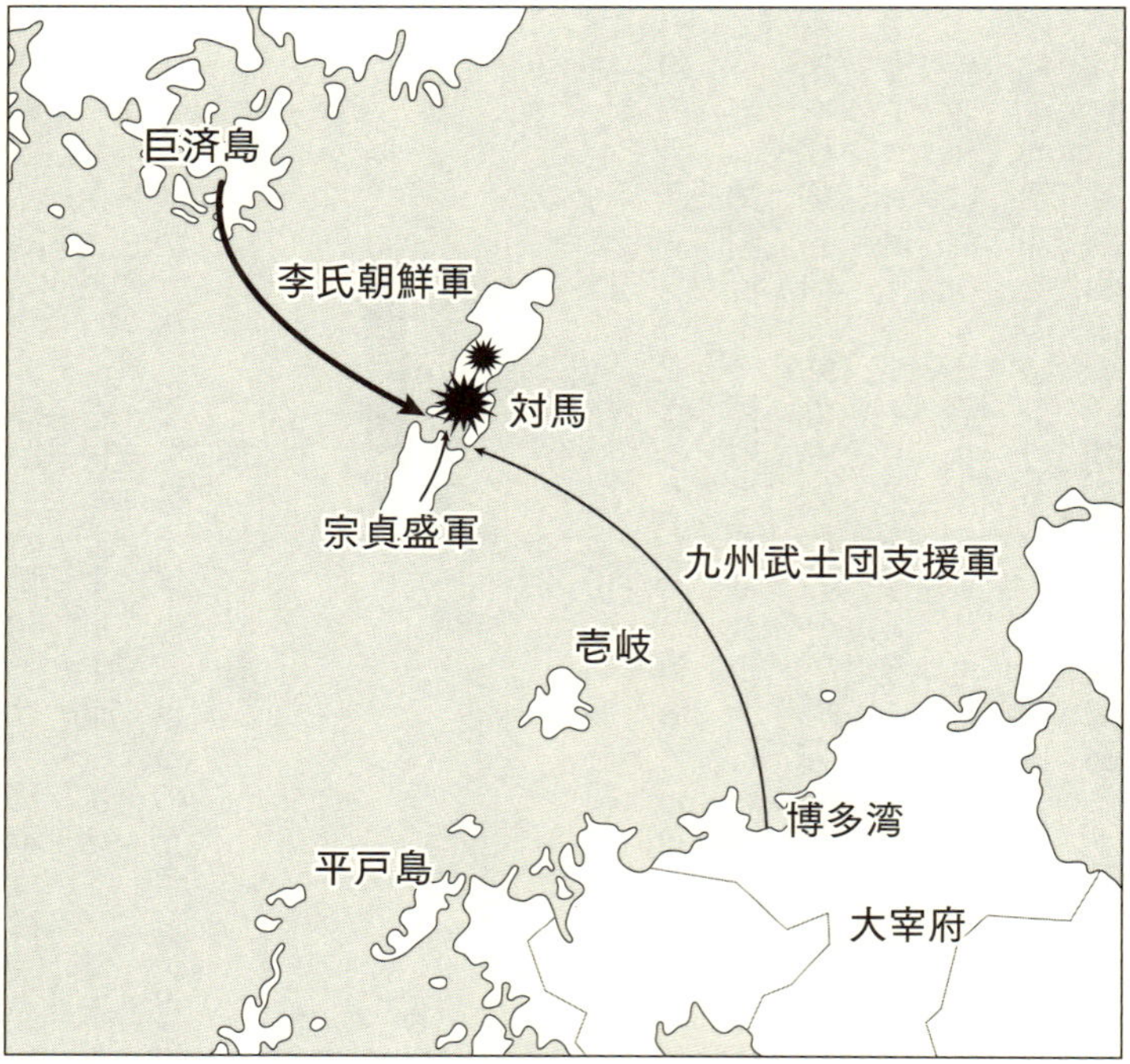

弘安の役よりおよそ一世紀を経た一四世紀末、高麗沿岸は倭寇と呼ばれた対馬・壱岐・松浦などを本拠地とする海賊の襲撃に悩まされていた。この当時の倭寇（初期倭寇と呼ばれる）は、元寇の際に対馬や壱岐そして松浦をはじめとする九州北部沿岸地帯で略奪の限りを尽くした高麗軍に対する復讐や高麗に連れ去られた家族の奪還といった動機もあったと言われている。

やがて、高麗王国に代わって李氏朝鮮王国が誕生しても倭寇による朝鮮半島南部沿岸部に対する襲撃事件が多発していた。

李氏朝鮮王府は、一四一九年六月、一気に倭寇を壊滅させるために李従茂《イジョンム》を大将軍として軍船二二七隻に兵一万七二八五名を分乗させて対馬に出撃（己亥東征《きがいとうせい》）させた。李従茂軍艦隊は対馬の浅茅湾《あそうわん》に侵攻し、倭寇と見られる島民一〇〇余名を殺害し二〇〇〇軒ほどの民家と倭寇のものと考えられる船一二〇余隻を焼き払い船二〇隻を拿捕するとともに、拉致されていた韓人二一名と漢人一三一名を救出した。

一方、対馬の宗貞盛軍は六〇〇名ほどであったが、李氏朝鮮軍が島の内陸に侵攻してくるのを待ち伏せしていた。倭寇の本拠地を壊滅させた侵攻軍は、二〇〇名ほどの島民を殺害し六〇〇名ほどの島民を捕虜としつつ内陸部に侵入した。やがて一万数千の兵力を擁する李氏朝鮮侵攻軍に対して、二〇分の一以下の小勢の宗貞盛軍は糠岳《ぬかだけ》で待ち伏せ襲撃し両軍の戦闘が勃発した。

両軍の戦闘状況は日本側と李氏朝鮮側の記録では大きな相違があり実態は不明である。しかし、弓矢刀槍主体の当時の戦闘において兵力六〇〇名の軍隊と兵力一万七〇〇〇名の軍隊が衝突した場合、通常は後者の圧勝になる。

それにもかかわらず、李従茂軍は宗貞盛による「元寇の時のような大嵐が襲来する」との脅しによって対馬から撤退したり、保護した漢人を「対馬の戦闘での李氏朝鮮軍の実態を見られてしまった」といった理由により明国に送り返すのをためらったり、征討軍指導者たちが処罰されたりした、といった記録から類推すると、防衛軍側の圧勝であったと考えることができる。

いずれにせよ、倭寇討伐を名目に対馬に正規軍を派遣し、あわよくば対馬を手中に収めてしまおうとした李氏朝鮮王朝の侵略戦争（己亥東征）であった応永の外寇は、島の内陸部でゲリラ戦のような奇襲攻撃によって侵略軍に対抗したわずか六〇〇余名の屈強な武士集団によって撃破されたのであった。

ただし、この侵攻戦の翌年には李氏朝鮮は日本と和解し、幕府や宗氏をはじめ九州諸大名による倭寇の取り締まりは強化され、日本人を主体とする前期倭寇は衰退した。以後の倭寇は、漢人を主体とする後期倭寇となった。

二-三-一-七 再び確認された「神国」防衛思想

応永の外寇に際しては、李氏朝鮮軍の軍船は何の抵抗をも受けずに倭寇の本拠地を海から襲撃し対馬に大軍を上陸させている。しかし侵略軍の上陸を許しはしたものの、李氏朝鮮軍の陸上戦闘部隊があまりに弱体であったためと、地元の地勢を知り尽くした精強な武士たちによるゲリラ戦法のために、上陸後すぐに発生した地上戦で侵攻軍を撃破することに成功した。

京の都から遠く離れた離島の対馬が襲撃され、本土からの援軍の必要もなく対馬の宗貞盛軍だけで撃退した李氏朝鮮軍の侵攻事件によって、再び外敵は陸地で待ち構えて地上戦闘で撃破できる、という成功体験が一つ加えられたのである。

結果として、日本には外敵の侵攻を上陸される前に海洋において撃退するという発想は誕生せず、海洋において敵を食い止めるための強力な軍艦や本格的海軍は発達しなかった。反対に、侵攻してくる外敵を迎え撃つ最前線は元寇の際に九州沿岸に築かれた防塁であり、もし海岸線を突破された場合にも内陸に控えている精強な戦闘部隊によって敵を討ち取る、という陸地で待ち受けて撃破するという伝統が根付いたのである。

元寇に代表される上記のような外敵の侵攻によって、対馬や壱岐は幾度か外敵に蹂躙されてしまった。しかし、対馬や壱岐以外の日本人にとっては、元寇も李氏朝鮮軍も外敵は撃退したのだ。つまり「日本は神国であり、神風によって護られる」のである。そして、多くの日本人の心の底には「神国と神風」という信仰が現実のものとして内面化されていったのである。

その結果、日本社会には「外敵による日本侵攻はない」という平和的な思想が定着してしまった。外敵の侵略がない以上それに備える必要もないのが道理であり、外敵に対する防衛思想の必要性は存在しなかったのである。このような平和的姿勢こそが多くの日本人のDNAにすり込まれて、西洋人のそれとは大きく異なった国防思想における伝統的気質を形作ったのであった。

二-三-二 外敵の侵攻が途絶えた五〇〇年

元寇よりおよそ五五〇年後の一九世紀初頭に西洋列強の軍艦が日本沿海に姿を見せるまで、日本の為政者たちは真剣に外敵の侵攻に備える努力はしなかった。ただし、対馬や壱岐といった島嶼に限らず領地に海岸があった国や藩は少なからず存在していたため、海から押し寄せてくる外敵に対する防衛策という発想自体が皆無であったわけではない。

しかし、石塁を構築しての海岸線での防衛や、上陸侵攻してきた敵軍を陸上での戦闘で撃破した経験などから、「海から押し寄せてくる敵は、まず海岸線で迎え撃ち、引き続き内陸に誘い込んで殲滅する」という防衛思想が完全に定着していた。

そのためイギリスのように「海から押し寄せる敵は、こちらからも海軍を押し出して海上で撃破し、敵侵攻軍は一歩たりとも上陸させせない」という発想はみられなかった。その結果、一八世紀末期に林子平《しへい》が『海国兵談』で日本防衛のための海軍の必要性を主張するまでは、海軍建設などを論ずるものはなく、林子平も弾圧されてしまった。

しかし、さすがに西洋列強の軍艦の脅威を直接目にすると、海軍の必要性に目覚めた人々が登場し、近代国家建設を目指した明治政府は海軍の建設をイギリス海軍を師として急速に実施することになったのである。

二－三－三　日本を恐怖に陥れたロシア艦隊の通商破壊戦

ロイヤルネイビーの直弟子として構築された明治期の大日本帝国海軍は、イギリスの伝統的防衛思想をも受領した。やがて満州を占領したロシアの朝鮮半島そして日本への侵略の危機が高まると、「敵侵攻軍は絶対に日本周辺海域で撃破しなければならない、できれば敵の本拠地で撃破してしまうべきである」という基本方針が採択され、日本はロシアとの戦争に突入した。

大日本帝国海軍（以下、日本海軍）は、ロシア極東艦隊の本拠地である旅順軍港の攻略とロシア極東艦隊の撃破に徹底してこだわった。海軍の戦略に呼応して大日本帝国陸軍も、ロシア軍が船に乗って日本に侵攻を開始する遥か以前の段階で、満州に出撃してロシア軍の朝鮮半島への南下を防ぐ、という基本戦略を実施した。

ロシア軍に明確な日本侵攻計画が存在したかどうかはともかく、誕生後まもない近代軍であった日本の海軍と陸軍は、日本伝統の敵侵攻軍を陸地にこもって待ち受ける戦略ではなく、イギリス流の海洋国家防衛原則に立脚した戦略を打ち立てた。

すなわち、日本周辺海域を後方制海域と朝鮮半島沿海域を前方制海域と認識して、前方制海域に出動してくるロシア艦隊出撃基地に対して海軍が攻撃を仕掛け、海洋での優勢を確保する。このようにして日本と朝鮮半島、そして満州の海上補給路を安全に保ちつつ、前方制海域の奥に位置する満州に陸軍を送り込んで、南下をもくろむロシア陸軍部隊に対して地上戦を挑む。このような戦略は基本的には功を奏し、日本を防衛することは成功したのであった。

しかし、その栄光ある日露戦争での勝利の陰には、日本海軍を混乱の極致に追い込み、日本の人々を恐怖のどん底に陥れたロシア艦隊による通商破壊戦（一九〇四年二月から一九〇四年七月）という、日本にとってはまさに悪夢の経験があったのだ。

ところが、この悪夢の記憶は、一九〇四年八月から一九〇五年五月における日本海軍のロシア海軍に対する勝利、とりわけ一九〇五年五月の対馬沖海戦（あるいは日本海大海戦）における日本連合艦隊による世界海戦史上特筆すべき大勝利によって、消し去られてしまった。その結果、日本海軍がロシア太平洋艦隊を全滅させたという栄光の記憶だけが日本の人々の心に浸透した。

日本海軍そして日本人は、ロシア艦隊による通商破壊戦から学び得た貴重な教訓を無駄にしてしまったのだ。そして、ロシア海軍を打ち破った大勝利から四〇年、日本海軍はアメリカ海軍によって全滅させられてしまったのである。

皮肉なことに、日本では忘れ去られてしまったロシア艦隊による通商破壊戦こそが、日露戦争から最も貴重な教訓を引き出す教科書的事例であるとして、日露戦争後から現在に至るまで英米海軍戦略家によって学ばれているのである。

二―三―三―一　ウラヂヴォストーク巡洋艦隊

日露戦争前、ロシア太平洋艦隊は旅順を本拠とした本隊（旅順艦隊）とウラヂヴォストークを本拠とした支隊（ウラヂヴォストーク巡洋艦隊）とから構成されていた。旅順艦隊は、七隻の戦艦、十隻の巡洋艦、七隻の砲艦、二十五隻の駆逐艦、その他の艦艇からなる強力な艦隊であった。

一方、ウラヂヴォストーク艦隊は、三隻の装甲巡洋艦（ロシア・リューリック・グロモボイ）、一隻の軽巡洋艦、一隻の仮装巡洋艦、それに十七隻の魚雷艇からなる小規模な艦隊であった。ウラヂヴォストーク艦隊は、戦闘力は小規模であったが、日本海軍に対していくつかの利点を持っていた。

第一に、ウラヂヴォストーク（あるいはウラジオストク：ウラジ＝支配する、ヴォストーク＝東方、すなわち「東方を支配する拠点」という意味の都市）はロシア領土内の最も南に位置する港であった。したがって、ウラヂヴォストーク艦隊はシベリア経由で補給物資を受け取ることが可能であった（ちなみに、ウラヂヴォストーク艦隊と違ってロシア旅順艦隊は、補給物資を日露開戦後は戦場となるであろう満州を経由しなければ受け取ることはできなかった）。

第二に、日本海軍が日本海に多数の軍艦を配置しない限り、ウラヂヴォストーク艦隊は韓半島東海岸を支配することが可能であった。そして、日本海軍が以下の作戦を同時に遂行するために十分なだけの軍艦を保有していなかったため、日本海に戦力を割くことがで

2-3-6 日露戦争前の制海域

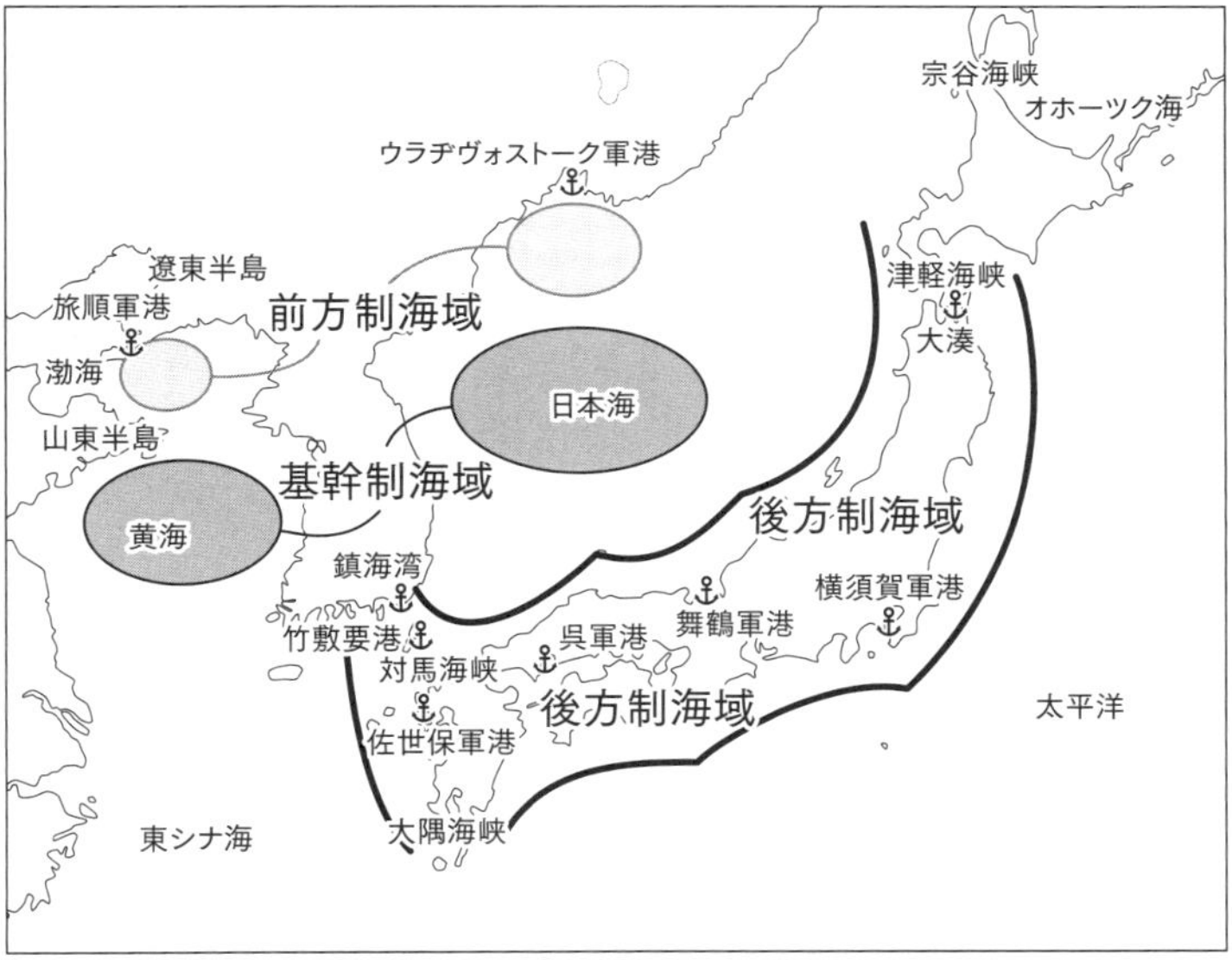

きないことは明白であった。

（一）ロシア旅順艦隊との艦隊決戦を遂行する作戦

（二）日本列島や韓半島を結ぶ満州で戦闘する日本軍への補給ラインを確保する作戦

（三）ウラヂヴォストーク艦隊の行動を封じ込める作戦

第三に、ウラヂヴォストークは戦略的要地であった。というのは、ウラヂヴォストークは津軽海峡へはおよそ一〇〇海里、宗谷海峡へはおよそ二〇〇海里、そして対馬海峡へはおよそ二五〇海里に位置しているからであった。もし、ウラヂヴォストーク艦隊がそれらの海峡を封鎖してしまったならば、日本の海上交通路は大きな打撃を受けるのは必至であった。

このような理由によって、日本海軍としてはウラヂヴォストーク艦隊による脅威は決して無視することができないものであった。

二-三-三-二 日本海軍連合艦隊

対露戦争における日本の政治的目的は、韓半島や日本列島に対するロシアの領土的拡張の野心を挫くためにロシアの勢力を満州から駆逐することにあった。この目的を達するために、日本軍はロシア軍を満州から追い出さなければならなかった。したがって、日本海軍はロシア太平洋艦隊を撃破して満州に展開する日本陸軍への補給ラインを確保しなければならない。

日本海軍は、第一艦隊・第二艦隊・第三艦隊からなる連合艦隊を編成した。第一艦隊は、六隻の〝一級〟戦艦を擁して名実ともに日本海軍の主力艦隊であった。第二艦隊は六隻の〝一級〟装甲巡洋艦を主力に据えて、第一艦隊とともに日本海軍の主戦力を担う艦隊であった。一方、第三艦隊の主力艦は一線級の軍艦ではなかった。

日本の政治・軍事指導者達は連合艦隊がロシア太平洋艦隊を撃破することを切望したため、海軍軍令部（日露戦争当時はこのように呼称されていた）は東郷大将が指揮する第一艦隊と上村中将が指揮する第二艦隊を、旅順港にこもるロシア太平洋艦隊本隊に対する攻撃任務を割り当てた。

第三艦隊は、日本と南満州の補給ラインを確保するために、対馬海峡と韓半島西海岸の警戒監視任務が割り当てられた。第三艦隊司令官の片岡中将は、六隻の巡洋艦と一隻の旧式戦艦ならびに一六隻の魚雷艇によって対馬海峡の警戒に当たるとともに一〇隻の旧式軍艦に韓半島南沿海域での緊急事態に対する出動態勢を備えさせた。

二－三－三－三　旅順沖海戦

一九〇四年二月七日、日本海軍軍令部は連合艦隊に対してロシア太平洋艦隊本隊（旅順艦隊）を殲滅するよう命令を下した。同時に、連合艦隊は仁川《インチョン》に上陸する日本陸軍輸送船団の護衛も下命された。連合艦隊司令長官東郷大将は、第一艦隊と第二艦隊の戦力を東郷自身が指揮する戦闘部隊と瓜生《うりゅう》少将が指揮する護衛部隊に分割した。第三艦隊は計画通り対馬海峡と韓半島南沿海の警戒についた。

二月八日夕刻、ロシア海軍巡洋艦と日本海軍魚雷艇の小競り合いが発生したものの、瓜生護衛艦隊は陸軍部隊を無事に仁川に送り込んだ。一方、同日夜半、東郷戦闘艦隊の駆逐艦部隊は、旅順のロシア艦隊錨地《びょうち》に侵入し主要軍艦に対する魚雷攻撃を敢行した。この奇襲攻撃は成功というわけにはいかなかったが、ロシアの二隻の戦艦が大破し一隻の巡洋艦が小破した。

翌朝、東郷戦闘艦隊はロシア艦隊を攻撃するために旅順に接近した。東郷艦隊の接近を発見すると、ロシア太平洋艦隊司令長官スターク中将はロシア艦隊に迎撃を命じた。およそ二〇分にわたって激烈な砲撃戦が交わされた後、日本側は撤退を開始した。というのは、東郷艦隊がロシア艦隊に急迫したためロシア沿岸砲台の射程圏内に入ってしまったからであった。ロシア艦隊も追撃せずに旅順軍港へ撤退した。この戦闘の結果、日本側もロシア側も共に一隻の艦艇も失うことはなかった。

このように初期の作戦において日本海軍の目的は完全には達成されなかった。しかし、重要な目的の一つである護衛任務は成功した。一方のロシア太平洋艦隊は、二隻の戦艦が大損害を被ったものの旅順のロシア軍の士気は高まった。なぜならば、旅順艦隊が東郷戦闘艦隊の襲撃を撃退したからであった。

旅順沖海戦後、ロシア太平洋艦隊主力は旅順軍港に引きこもって〝要塞艦隊（fortress fleet）〟と化した。その結果、東郷司令長官は艦隊決戦によりロシア艦隊を殲滅する機会を、その後数ヶ月にわたって失うこととなってしまった。

二－三－三－四　那珂浦丸事件

一九〇四年二月一二日、ウラヂヴォストーク艦隊の四隻の巡洋艦が津軽海峡へ向けて出港した。目的は、日本沿岸部海上交通路を脅かすためであった。翌朝、ロシア巡洋艦は北海道沿岸を航行する貨客船那珂浦丸を発見した。

ウラヂヴォストーク艦隊は那珂浦丸に対して全員下船し船を放棄するように命じた。そして、那珂浦丸への砲撃を開始した。その時、ロシア巡洋艦は他の日本商船、全勝丸を発見した。全勝丸はロシア巡洋艦から逃れようとしたため、砲撃が開始された。

結局、那珂浦丸は撃沈され二名の船員が死亡したが三六名の船員と四名の船客はロシア巡洋艦によって救出された。全勝丸は大きな被害を受けたものの、濃霧にまぎれたため、

2-3-7 制海域の変化

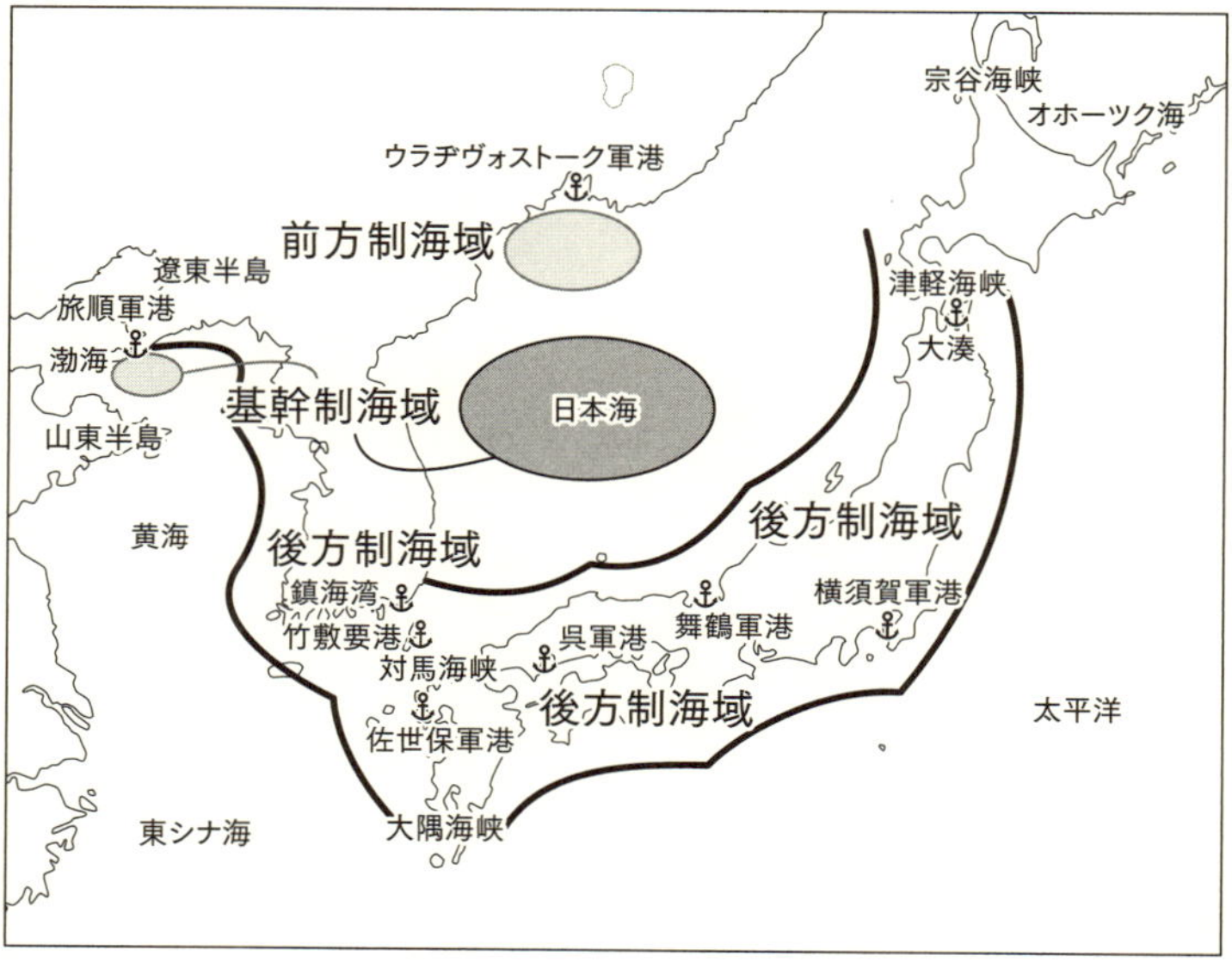

ロシア側は見失ってしまった。

二月一二日の深夜、全勝丸によって事件の詳細が当局に報告された。那珂浦丸に関するニュースは日本国民をおびえさせるに十分であった。とりわけ日本海沿岸域の人々は、更なるロシアによる襲撃を恐れた。その結果、日本海沿岸都市間の物資運搬に携わる商船の航行の大半は途絶えてしまった。

日本海には一隻の日本軍艦も展開されていなかったため、日本海軍は何の反撃も行うことができなかった。対馬海峡から韓半島南岸沿海にかけての警備を担当する第三艦隊も、事件後も日本海に艦艇を出動させるこ

2-3-8 那珂浦丸事件

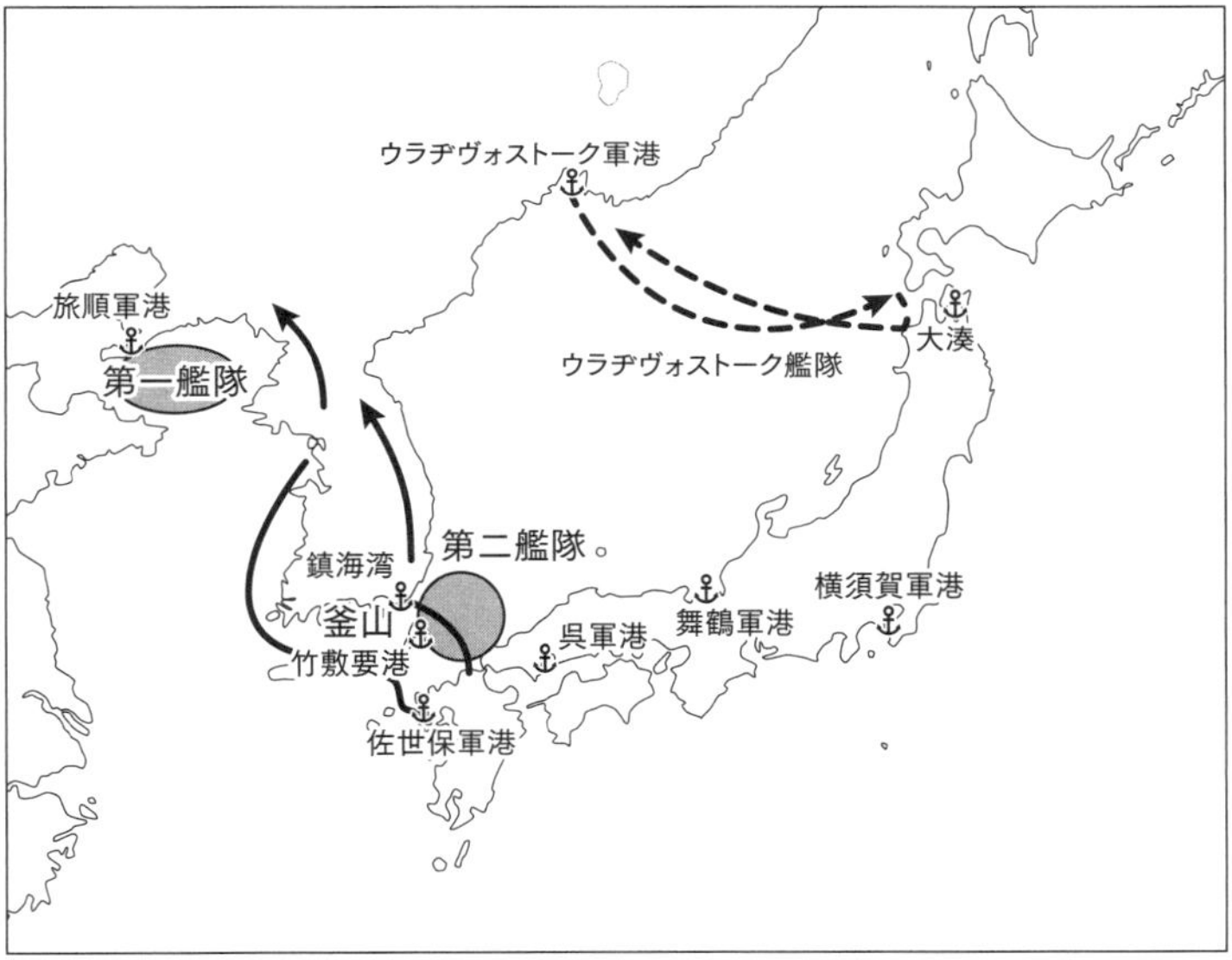

とはできなかった。というのは、日本陸軍の大部隊が満州へ向けて出動を開始しており、その輸送船団の護衛に全力を投入しなければならなかったからである。

一方、海軍軍令部はウラヂヴォストーク艦隊が韓半島北部沿海に接近しているとの情報・噂を度々入手した。二月二七日、ロシア軍艦が元山（韓半島東岸の中心都市）沖を横切っているとの情報に日本の当局が接するや否や、海軍軍令部は東郷大将にウラヂヴォストーク艦隊を撃破するように命令を下した。東郷司令長官は、上村中将に七隻の巡洋艦を率いて韓半島東岸へ向かうよう、下命した。

上村艦隊は三月二日に出動し、二週間にわたって韓半島東岸沿海を探索したがロシア軍艦を発見することはできなかった。

二一三一三一五　金州丸事件

四月下旬、上村中将は第二艦隊を率いてウラヂヴォストーク艦隊を撃滅するために出動した。四月二二日、第二艦隊は元山に寄港した。元山の日本守備隊隊長は、韓半島東岸北部沿岸部偵察部隊を派出するために、海軍艦艇の応援を上村中将に求めた。

上村中将は輸送船金州丸と四隻の魚雷艇に偵察部隊の搬送と護衛を命じ、四月二四日朝、第二艦隊本隊はウラヂヴォストークに向けて元山を出港した。翌朝、金州丸に乗り込んだ偵察部隊は、四隻の魚雷艇の護衛を伴って元山を出港した。

その日の一一時三〇分頃、突如ウラヂヴォストーク艦隊の三隻の装甲巡洋艦と二隻の魚雷艇が元山沖に出現した。ロシア魚雷艇は元山港に突入し、停泊していた日本の貨客船、五洋丸を撃沈すると、ウラヂヴォストーク艦隊は元山を立ち去った。同日の夕刻、ウラヂヴォストーク艦隊は韓半島北東沿海を航行中の日本の商船、萩の浦丸を撃沈した。

第二艦隊本隊も偵察部隊も共にこれらの事件を知る由もなかった。偵察部隊は韓半島北東岸の小さな町に上陸した。しかし、天候の先行きが怪しくなってきたため、偵察艦隊の司令は撤収を勧告した。そこで偵察部隊は偵察任務を切り上げることにして、元山に向かって帰還することに決した。しかしながら、すでに海は荒れており八九トンの魚雷艇では元山に向かうことはできなかった。そこで、金州丸は単独で元山目指して南下を開始した。

ちょうどその頃、ウラヂヴォストークに向かっていた第二艦隊本隊も荒天に阻まれてウラヂヴォストーク艦隊攻撃を断

2-3-9 金州丸事件

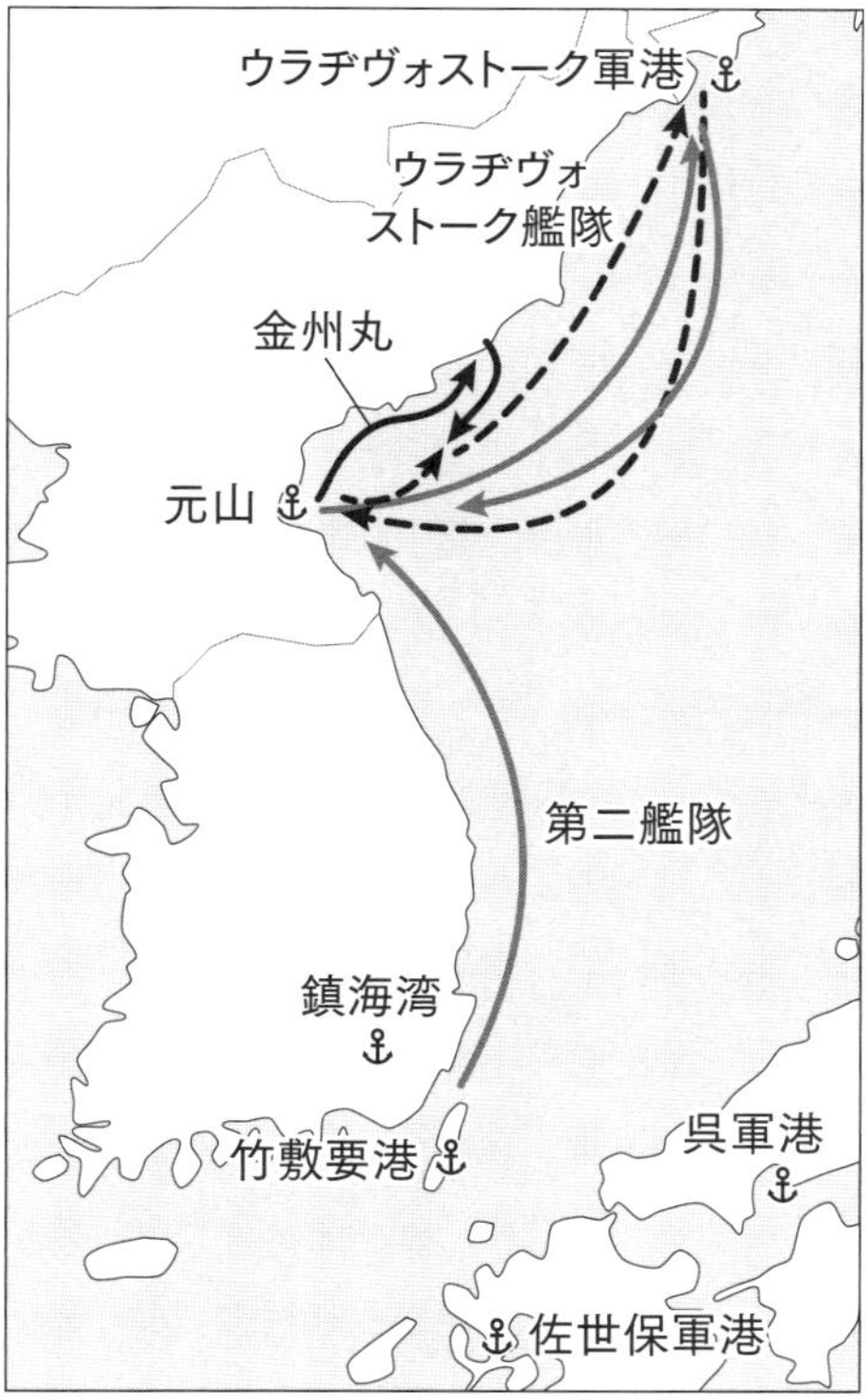

念し南下を開始した。

四月二五日の深夜、金州丸は軍艦を発見した。金州丸の士官たちはそれらを第二艦隊と判断した。しかし、それらはウラヂヴォストーク艦隊巡洋艦であった。ロシア巡洋艦は金州丸を捕獲すると共に、日本の士官全員を逮捕し金州丸と乗船していた兵士たちの処遇についての交渉を開始することになった。

日本の士官たちがロシア巡洋艦に護送された直後、ロシア巡洋艦は未だに日本兵が乗船していた金州丸に対して一斉に砲門を開いた。さらに、ロシア軍艦は金州丸に魚雷と機関銃を浴びせ、金州丸は六五名の兵士と共に海底に消えていった。

この事件は日本海軍幹部に大きな衝撃を与えた。なぜならば、極めて深い濃霧の中でかつ悪天候であったとはいえ、第二艦隊とウラヂヴォストーク艦隊は互いに二度もすれ違っていたにもかかわらず、全く探知することができなかったからであった。

一方、日本の世論はこの事件に関してそれほど大きな関心を示さなかった。というのは、時を同じくして伝わった、満州朝鮮国境地帯において日本陸軍がロシア陸軍を打ち破ったニュースに沸いていたからであった。

第二艦隊司令官上村中将はウラヂヴォストーク艦隊に対する復讐を決意した。しかしながら、第二艦隊はウラヂヴォストーク艦隊に対する攻撃を中止するように命じられた。そして、南満州へ侵攻する日本軍への補給ラインの安全をより確たるものにするため、対馬海峡の警戒任務が第二艦隊に下命された。

二―三―三―六　対馬海峡事件

一九〇四年六月一二日、三隻のウラヂヴォストーク艦隊装甲巡洋艦が、更なる通商破壊戦を行うために出動した。ロシア巡洋艦戦隊は、日本海軍第二艦隊が警戒網を張っている対馬海峡を目指して南下した。ウラヂヴォストーク艦隊は、上村中将の警戒網に引っかかることなく対馬海峡へ接近した。

六月一五日、ロシア巡洋艦は二五〇〇名の将兵を載せて満州へと向かう日本の輸送船団に近づいた。午前七時二〇分、上村艦隊の巡洋艦対馬はロシア巡洋艦戦隊を発見し、対馬海峡を航行する日本船に警告電報を発信した。直ちに上村中将は、第二艦隊に対して敵艦隊を捕捉するよう命令を発した。巡洋艦対馬は、距離七〇〇〇メートルを保ちながらウラヂヴォストーク艦隊を追跡した。しかし、濃霧が海を覆いつくしてしまった。

午前九時頃、ウラヂヴォストーク艦隊は日本の輸送船、泉丸を発見し巡洋艦グロモボイ

2-3-10 対馬海峡事件01

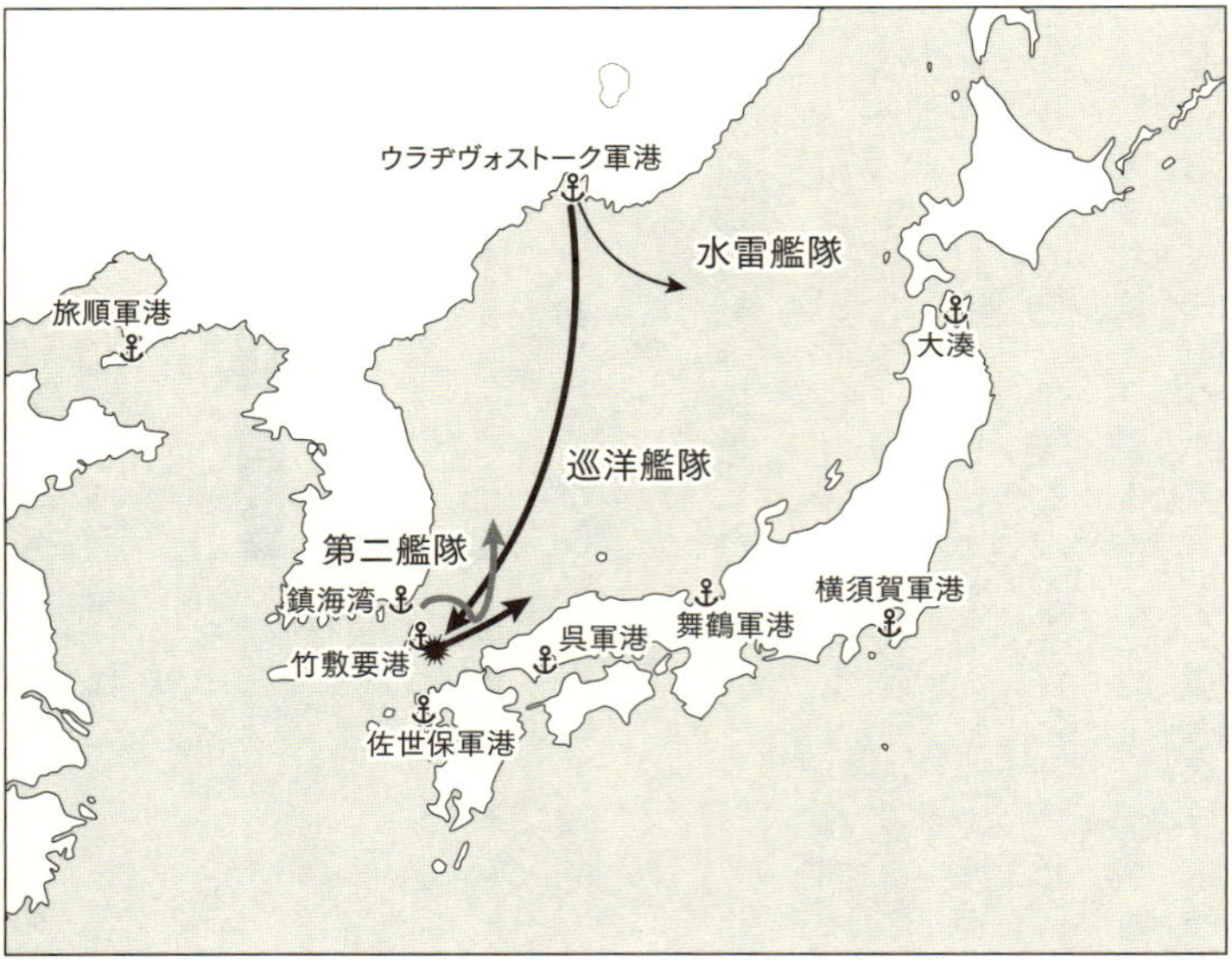

は泉丸を砲撃し撃沈した。巡洋艦対馬は濃霧と雨によって視界を失っていたものの砲撃の音響を聞くことはできた。続いて午前一〇時頃、ロシア巡洋艦は輸送船佐渡丸と常陸丸を発見した。

日本の輸送船はウラヂヴォストーク艦隊からの離脱を図ったが、ロシア巡洋艦は攻撃を開始し逃走する日本の輸送船を追撃した。一二時三〇分頃、日本の輸送船は大きな損害を受け沈没寸前になっていたため、ロシア巡洋艦戦隊は輸送船にとどめの魚雷を打ち込んで濃霧の中に消えていった。

常陸丸は一五時頃に沈没し、一〇

2-3-11 対馬海峡事件02

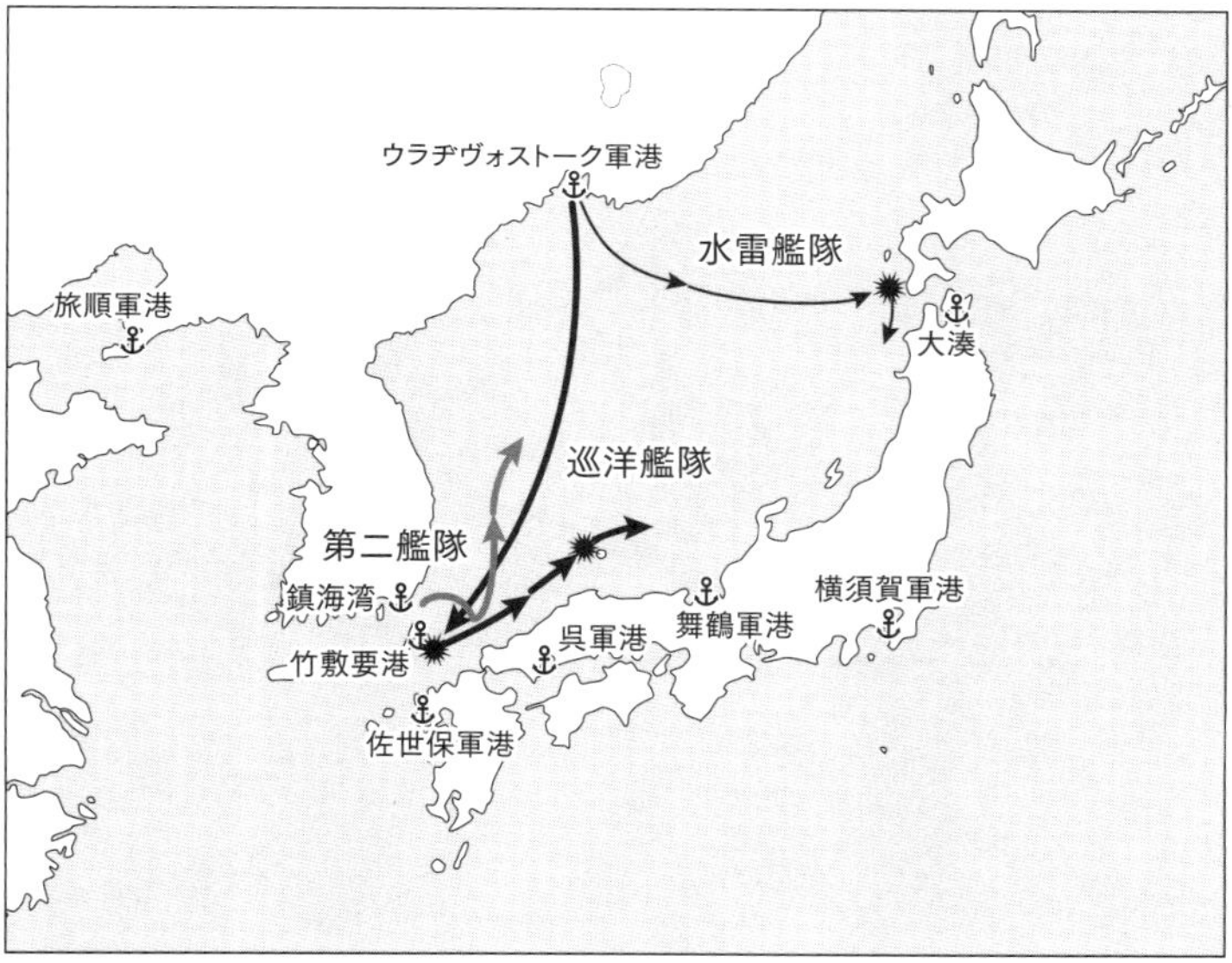

六三名の将兵の命が失われた。一方の佐渡丸は、大破させられながらも沈むことはなかった。しかし、四一四名の将兵が戦死し二五九名の兵士と乗員が溺死した。この悲劇の間、巡洋艦対馬は砲声を聞くことはできたが、自艦の位置すら確認することができない濃霧に阻まれて、いかなる事態が進行しているかを確認することはできなかった。したがって、一隻の日本軍艦も事件の現場に急行することはなかった。

上村中将はロシア巡洋艦が鬱陵島周辺海域で警戒網を横切り北上してウラヂヴォストークに帰還するであろうと考えた。そこで第二艦隊主力

2-3-12 対馬海峡事件03

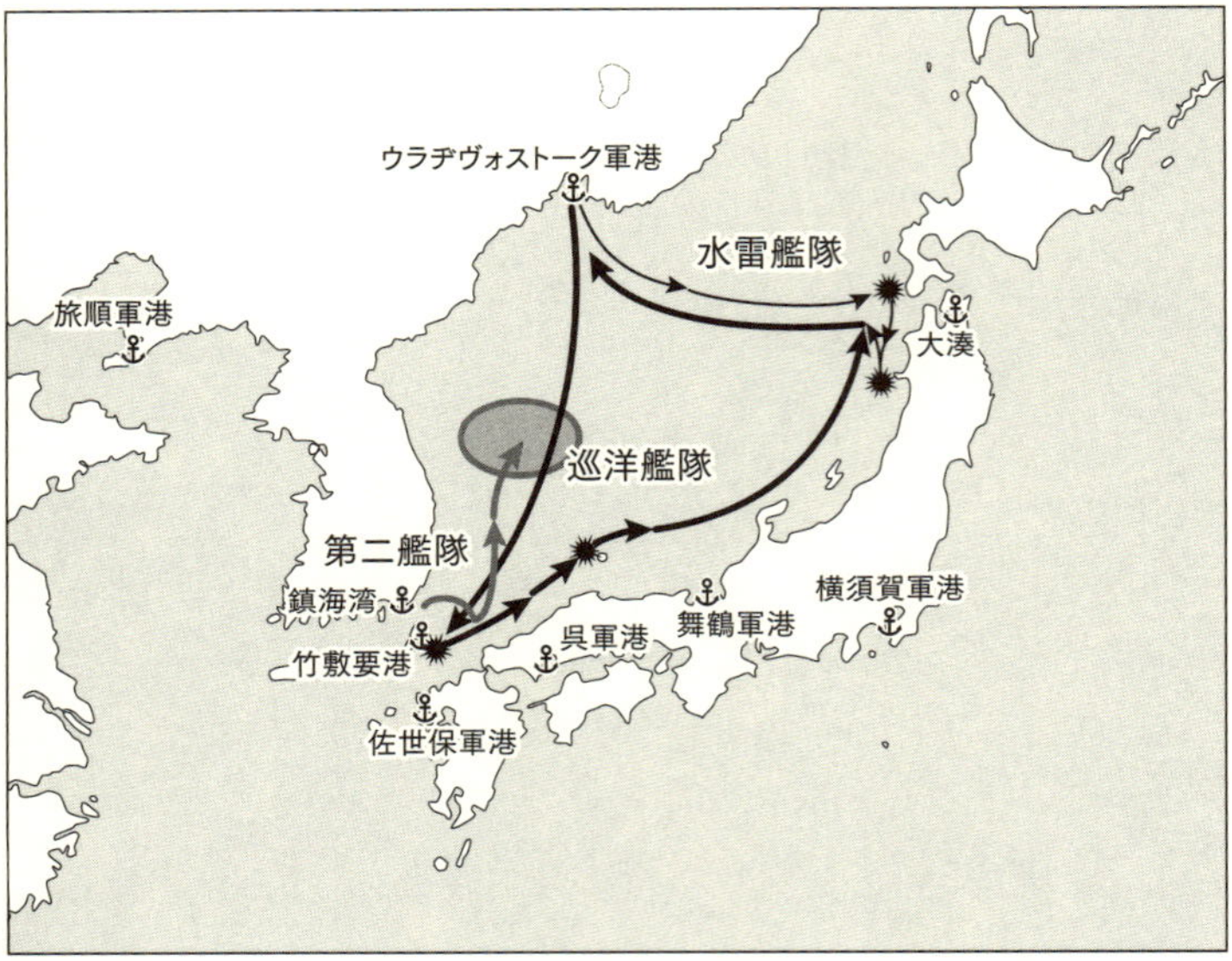

は、同海域でウラヂヴォストーク艦隊を撃滅するために待ち伏せをした。

しかし、ロシア巡洋艦戦隊は北上せずに東北に針路をとった。六月一六日、隠岐の島沖でウラヂヴォストーク艦隊は英国船籍の石炭運搬船を捕獲した。

同日、巡洋艦とは別に出動していたウラヂヴォストーク艦隊の魚雷艇は、本州北部の日本海沿海域で日本の商船五隻に対して攻撃を加えた。そのうちの二隻は撃沈され、一隻は捕獲された。やがてロシア巡洋艦と魚雷艇は津軽海峡沖で合流し、六月一九日にウラヂヴォストークに凱旋している。

第二艦隊が対馬の基地に帰還して初めて上村中将は日本船数隻が撃沈されたとの情報に接した。同時に、日本の世論は日本海軍とりわけ第二艦隊を痛烈に非難している状況も耳にした。

しかし、海軍大臣、山本権兵衛は以下の理由によって第二艦隊を擁護した。

第一に、第二艦隊の任務は個々の輸送船団の護衛ではなく日本と韓半島の補給ラインを全体的に確保することである。個々の輸送船団や商船を護衛するには日本海軍が保有する艦艇の数量はあまりにも不足している。

第二に、第二艦隊はウラヂヴォストーク艦隊が旅順の太平洋艦隊本隊に合流するのを妨げる責務をも負っていた。第二艦隊はこの任務を果たしている。

第三に、第二艦隊は敵におよそ四〇海里まで肉薄した。残念ながら、濃霧によって第二艦隊によるロシア巡洋艦戦隊の撃破は妨げられてしまった。

日本の新聞各紙や多くの政治家たちは海軍当局の弁解に激怒した。一方、日本国民は更なるロシアの通商破壊戦に恐れおののいた。その結果、日本の沿岸海運はほぼ麻痺してしまった。

二－三－三－七　元山事件

一九〇四年六月三〇日の早朝、ウラヂヴォストーク艦隊の装甲巡洋艦三隻、仮装巡洋艦一隻、魚雷艇八隻が突如として元山沖に出現した。ロシア魚雷艇は元山港に侵入し市街地を砲撃すると共に停泊中の船に魚雷を発射し二隻の日本商船を撃沈した。仮装巡洋艦と魚雷艇はウラヂヴォストークに向けて帰投した

2-3-13 元山事件

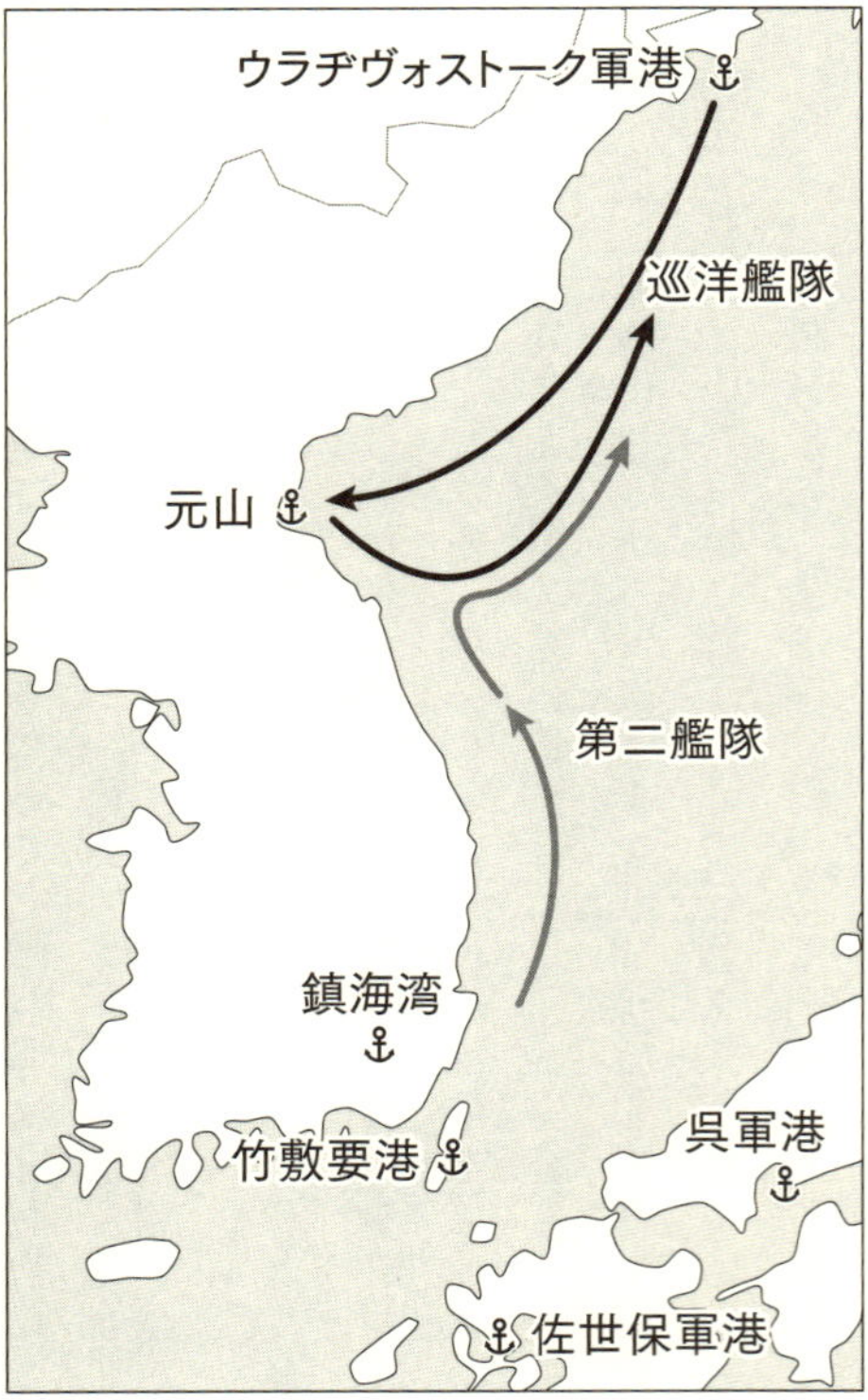

が、ヴェゾウラトフ中将が指揮する三隻の装甲巡洋艦は南下を開始した。

第二艦隊司令部が午前七時三〇分に急報に接すると、上村中将は直ちにウラヂヴォストーク艦隊を迎撃すべく第二艦隊に出動を命じた。

その日の夕方一八時四〇分に、上村司令官と幕僚たちは二万二〇〇〇メートルの距離にウラヂヴォストーク艦隊を発見した。同時にヴェゾウラトフ中将も第二艦隊を発見し、直ちにウラヂヴォストークへ反転帰投を下命した。上村中将座上の第二艦隊旗艦巡洋艦出雲は二〇ノットの全速でロシア巡洋艦戦隊を追跡した。他の巡洋艦と魚雷艇もそれぞれ全速力でもって追尾を開始した。しかしながら、第二艦隊はウラヂヴォストーク艦隊に追いつくことはできず、三隻の装甲巡洋艦はウラヂヴォストークに無事帰還を果たした。

二－三－三－八　本州太平洋岸沿海襲撃

一九〇四年七月一七日、イエッセン少将が指揮する三隻のロシア装甲巡洋艦はウラヂヴォストークを出港した。七月二〇日早朝、ウラヂヴォストーク艦隊は津軽海峡に突入した。ロシア軍艦を発見した日本の望楼や灯台は海軍に急報した。

海軍軍令部は直ちに警報を発したが、津軽海峡方面の海軍艦艇は砲艦二隻と魚雷艇数隻というありさまで、とても装甲巡洋艦に対抗できる戦力ではなかった。

加えて、沿岸防護のための重砲は全て満州の戦地に送られてしまい、陸地からロシア軍艦を攻撃することも不可能であった。このような状況であったため、ロシア巡洋艦は津軽海峡で以下の五隻の商船を容易に捕獲あるいは撃沈してしまったのである。

高島丸（貨物船）　乗員を退去させた後、爆沈
サマラ（英国船籍石炭運搬船）　臨検後釈放
喜宝丸（貨物帆船）　乗員を退去させた後、撃沈
共同運輸丸（貨客船）　臨検後釈放
北生丸（貨物帆船）　乗員を退去させた後、爆沈

いずれの場合も、乗員・乗客は撃沈前に離船させられていたため死傷者はなかった。津軽海峡で戦果を上げたウラヂヴォストーク艦隊は、ユニオンジャックを掲げて太平洋へと進んでいった（ロシア軍艦がイギリス軍艦を装うといったカムフラージュは国際法規に違反していなかった）。

七月二一日、ウラヂヴォストーク艦隊の津軽海峡での通商破壊戦に関するニュースが日本を席巻した。日本の沿岸海上交通はほぼ沈黙してしまった。太平洋の海岸線に沿って住む多くの人々がウラヂヴォストーク艦隊を目撃したが、日本海軍は途方に暮れていた。七月二二日一〇時三〇分、ロシアの巡洋艦はドイツの貨物船「アラビア」を拿捕し、ロシア将兵が乗り込んでウラヂヴォストークに回航させた。七月二四日〇七時三〇分、イギリスの貨物船「ナイトコマンダー」が下田沖で拿捕され、乗組員がロシアの巡洋艦に収容させられた後、ロシア巡洋艦は「ナイトコマンダー」に砲撃を加えて撃沈した。日本海軍の長津呂望楼（監視所）と下田市民たちが一部始終を目撃することになった。この戦果として、石廊崎から離れていたウラヂヴォストーク艦隊は、次のような満足のいく成果を上げた。

自在丸（貨物船、四国から浦賀に塩を運送中）乗員を収容した後、爆沈
福就丸（貨物船、四国から浦賀に塩を運送中）乗員を収容した後、爆沈
図南（英国船籍貨物船、横浜に米や砂糖を運送中）臨検後釈放

過去五日間のウラヂヴォストーク艦隊の動きに基づいて、東郷大将とその幕僚は、ウラ

2-3-14 太平洋沿岸域襲撃01

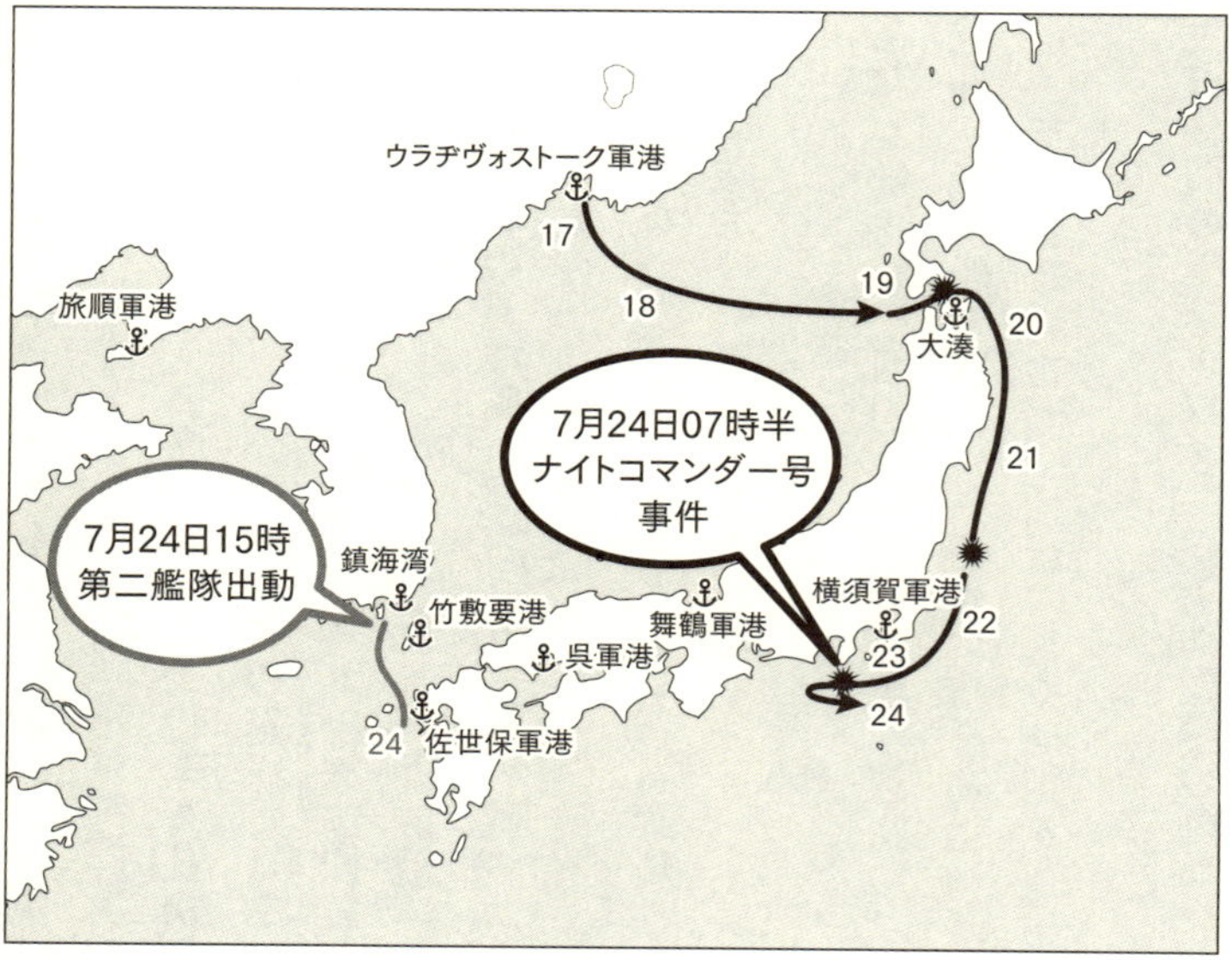

ヂヴォストーク巡洋艦隊の目的は通商破壊戦に違いないと断定し、ロシアの巡洋艦は津軽海峡を経由してウラヂヴォストークに帰還するであろうと予測した（それまでは、通商破壊戦なのか、沿岸砲撃なのか、あるいはウラヂヴォストークからベトナムのカムラン湾への脱出なのか、日本海軍当局は判断しかねていた）。そこで東郷は、津軽海峡の西側入口でロシア艦隊を待ち伏せするように第二艦隊に命じた。

ところが海軍軍令部は、ウラヂヴォストーク艦隊がロシア太平洋艦隊主力に加わるために旅順に回航するのではないかと推測した。そのため海軍軍令部は、第二艦隊に九州東海岸沖で待ち伏せするよう命じた。第二艦隊司令官上村中将は、海軍軍令部の命令に従わざるを得なかった。

七月二五日の夜明け、ロシアの巡洋艦隊は野島岬沖で小樽から四国に食料品を運搬中のドイツの貨物船「テア」を臨検し乗員を収容した後、爆沈しようとしたがなかなか沈まず、結局砲撃を加えて撃沈した。引き続き同海域でロシア艦隊は横浜からイギリスに向かっていたイギリスの貨物船「カルロス」を拿捕した。

「カルロス」はロシア将兵によってウラヂヴォストークに回航させられた。これらの成果を上げた後、ウラヂヴォストーク艦隊司令官イエッセン少将は彼の戦隊に宗谷海峡を経由してウラヂヴォストークに戻るように命じ、ウラヂヴォストーク艦隊は北上を開始した。

日本海軍はロシア艦隊の動きを捕捉することができなかった。翌二六日、海軍軍令部はロシア側の電波を分析し、ロシア巡洋艦が西に向かって航行していると判断したため、第二艦隊に四国の足摺岬への転進を命じた。

第二艦隊が足摺岬沖に到着すると、海軍軍令部は上村司令官に室戸岬への移動を命じた。第二艦隊が室戸岬沖に到着すると、海軍軍令部は、大王崎の海軍望楼が不審な電波を検出したことを知らせたため、第二艦隊は潮岬に急行することになった。

七月二七日午後遅く、第二艦隊は潮岬沖に到着した。視程はかなり良好であったが、ロ

2-3-15 太平洋沿岸域襲撃02

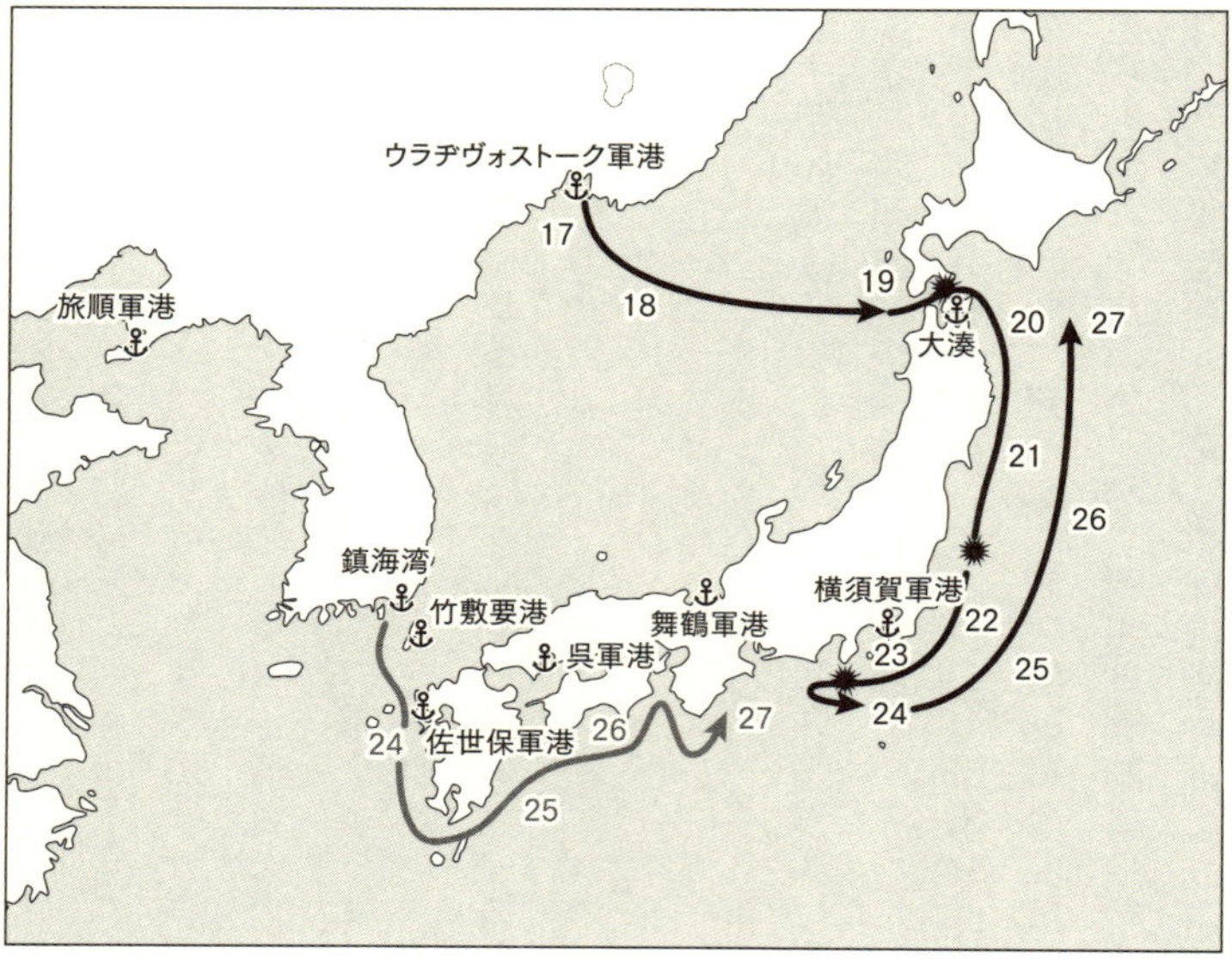

シア艦隊の姿を発見することも、疑わしい電波を捕捉することもできなかった。海軍軍令部は房総半島沖で三つの煙注が目撃されたことを上村中将に通報した。

そのため、第二艦隊は房総半島沖を目指して急行した。上村艦隊は、四隻の装甲巡洋艦（出雲［二〇ノット］、東［二〇ノット］、常盤［二一ノット］、岩手［二〇ノット］）と一隻の通報艦（千早［二一ノット］）によるウラヂヴォストーク艦隊の追跡戦を開始した。

上村中将の艦隊が房総半島沖に到着した時、海軍軍令部は敵艦隊が三宅島の周辺海域に位置していると通

2-3-16 太平洋沿岸域襲撃03

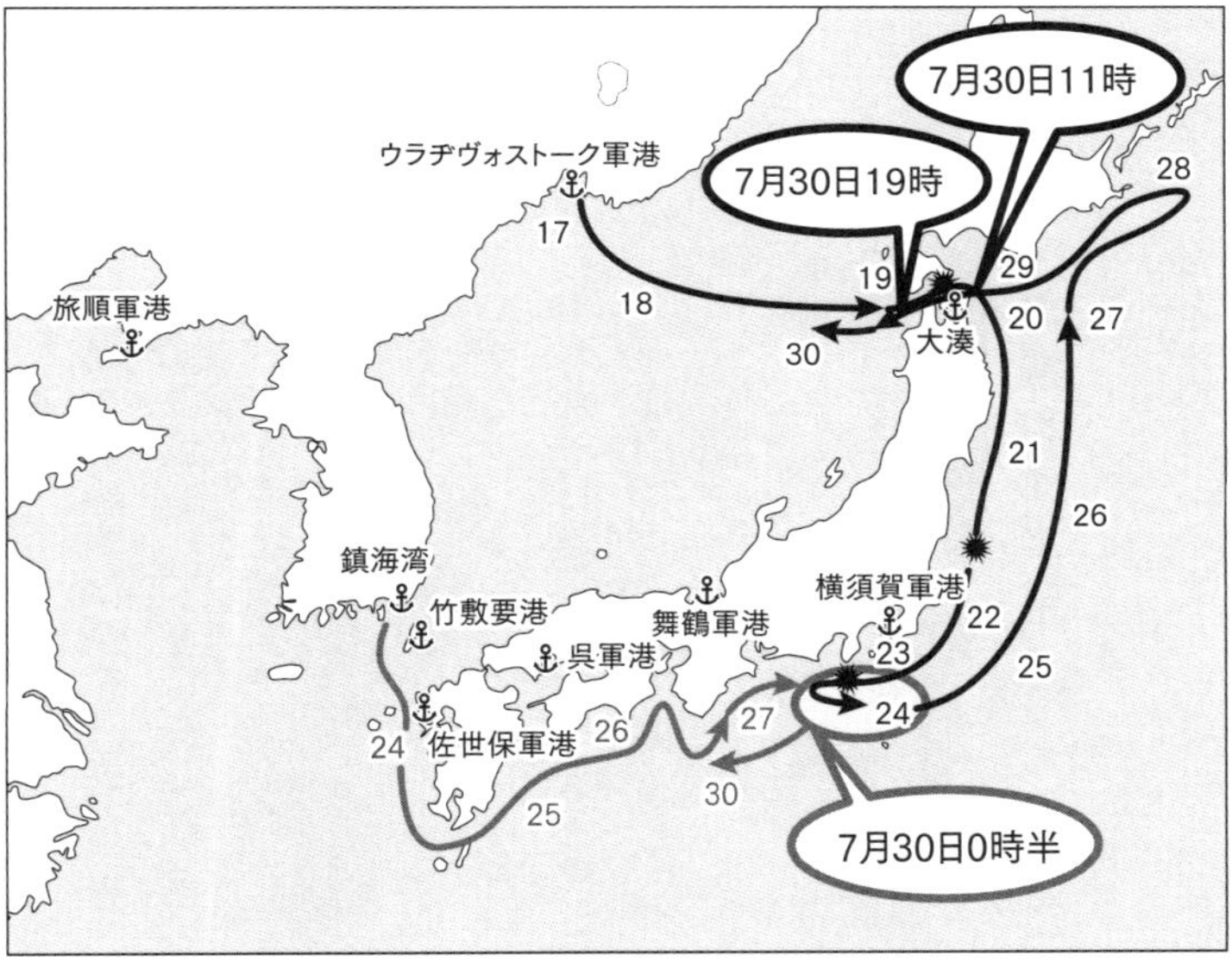

報したため、上村司令官は通報艦「千早」に偵察を命じた。「千早」は三宅島周辺海域での捜索活動を実施したが敵艦を発見することはできなかった。

その結果、上村中将は、七月二五日のドイツ貨物船による情報がウラヂヴォストーク戦隊を実際に目撃した最新の報告であるとして、海軍軍令部に敵艦隊の動きを再検討するよう申し入れた。海軍軍令部は再検討を加えた結果、ロシアの巡洋艦隊は北に移動したものと結論付けた。結局、七月三〇日の零時三〇分をもって、海軍軍令部は第二艦隊に対馬の母港に帰還するように命じた。

ウラヂヴォストーク艦隊司令官イエッセン少将は、宗谷海峡を通過してウラヂヴォストークに戻るか津軽海峡を通過するかを決めかねていた。七月二七日の夜には津軽海峡の東方で巡洋艦隊は深い霧に包まれ、翌日になると視界は全くなくなったためイエッセン司令官は巡洋艦隊に最低速で遊弋《ゆうよく》するように命じた。そして、各艦の燃料残量を確認すると、津軽海峡を突破することを決意した。

しかし、七月二九日にはさらに霧が濃くなった。七月三〇日一一時、津軽海峡方面の霧が晴れたため、ウラヂヴォストーク艦隊は津軽海峡に突入し、一九時には海峡を日本海に抜け出した。そして八月一日の午後、三隻のロシア巡洋艦は無事にウラヂヴォストーク軍港に帰還した。この航海中、ウラヂヴォストーク巡洋艦隊は日本沿海域で一一隻の商船を拘束したため、日本沿岸域の海上交通はほぼ完全に麻痺してしまった。したがって、ウラヂヴォストーク艦隊による対日通商破壊戦という作戦目的は完全に達成されたのである。

二一三一三一九 大勝利によって消え去った悪夢

ウラヂヴォストーク巡洋艦隊による通商破壊戦は実に効果的であった。とりわけ、一九〇四年七月一七日から八月一日までの津軽海峡から太平洋沿岸海域にかけての作戦は、日本海軍だけでなく日本国民にとっても悪夢であった。日本の沿岸交通は麻痺し、国内交易と海外交易の両方がほぼ完全に停止してしまった。その結果、日本の多くの都市で日用品が不足してしまう事態が生じた。そして、海運が途絶したあおりを受けて、日本人の主食である米の値段が高騰した。一方、株価は急落した。何よりも悪いことには、日本国民の海軍に対する信頼が消失してしまったことだ。

ウラヂヴォストーク艦隊が帰還して間もない一九〇四年八月一〇日、旅順の南東沖でロシア太平洋艦隊と日本海軍第一艦隊の間で艦隊戦が発生した。この黄海海戦では、ロシア海軍の艦艇も日本海軍の艦艇も共に沈没はしなかった。しかし、日本の旗艦「三笠」が被害を受け、六四人の将兵が戦死した。

一方、ロシアの旗艦である「ツェサレーヴィチ」も被弾してウィットゲフト少将を含む七三人の将兵が戦死した。さらに、この戦艦「ツェサレーヴィチ」、巡洋艦「アスコリド」、巡洋艦「ディアーナ」、及び四隻の駆逐艦が武装解除された。また巡洋艦「ノーウィック」は、樺太沖で日本第二艦隊の巡洋艦によって破壊された。駆逐艦「レジデヌイ」は日本海軍に捕らえられ、日本海軍に編入され駆逐艦「暁」と命名された。

四日後の八月一四日、ウラヂヴォストーク巡洋艦隊（ロッシヤ、リューリク、グロモボーイ）と日本海軍第二艦隊（出雲、東、常盤、岩手）の戦闘がついに勃発（蔚山《ウルサン》沖海戦）。激しい砲撃と執拗な追撃戦の後、ロシアの装甲巡洋艦「リューリク」が撃沈された。ロシアの旗艦である「ロッシヤ」と重巡洋艦「グロモボーイ」は大きな被害を受けたものの、二隻の巡洋艦はウラヂヴォストークに逃げ帰ることに成功した。しかしながら、もはやウラヂヴォストーク艦隊はその戦闘力を失っていた。

黄海海戦と蔚山沖海戦の後、ロシア太平洋艦隊は再び要塞艦隊になった。日本陸軍の第三軍が旅順軍港の背後にあるロシア軍要塞を激しく攻撃したため、ロシア艦隊は旅順湾の奥深くに退避した。

第三軍と艦砲旅団は、一九〇四年一二月五日、ロシア艦艇に対して二八センチ榴弾砲と一五センチ砲で砲撃を開始した。戦艦「セバストポル」を除くすべてのロシア戦艦と巡洋艦は、一二月八日に日本軍の砲撃が停止するまでの間に砲弾を浴びて沈没してしまった。一二月一二日、日本の水雷艇が戦艦「セバストポル」を魚雷で攻撃し座礁させた。他の全てのロシア小型艦と海軍施設も一二月一二日に破壊された。この時点をもって、ロシア太平洋艦隊は壊滅したのである。

ロシア太平洋艦隊は姿を消したが、ロシア海軍の増援部隊であるバルチック艦隊はロシア第二太平洋艦隊、第三太平洋艦隊となってウラヂヴォストークに向かっていた。

2-3-17 対馬沖海戦

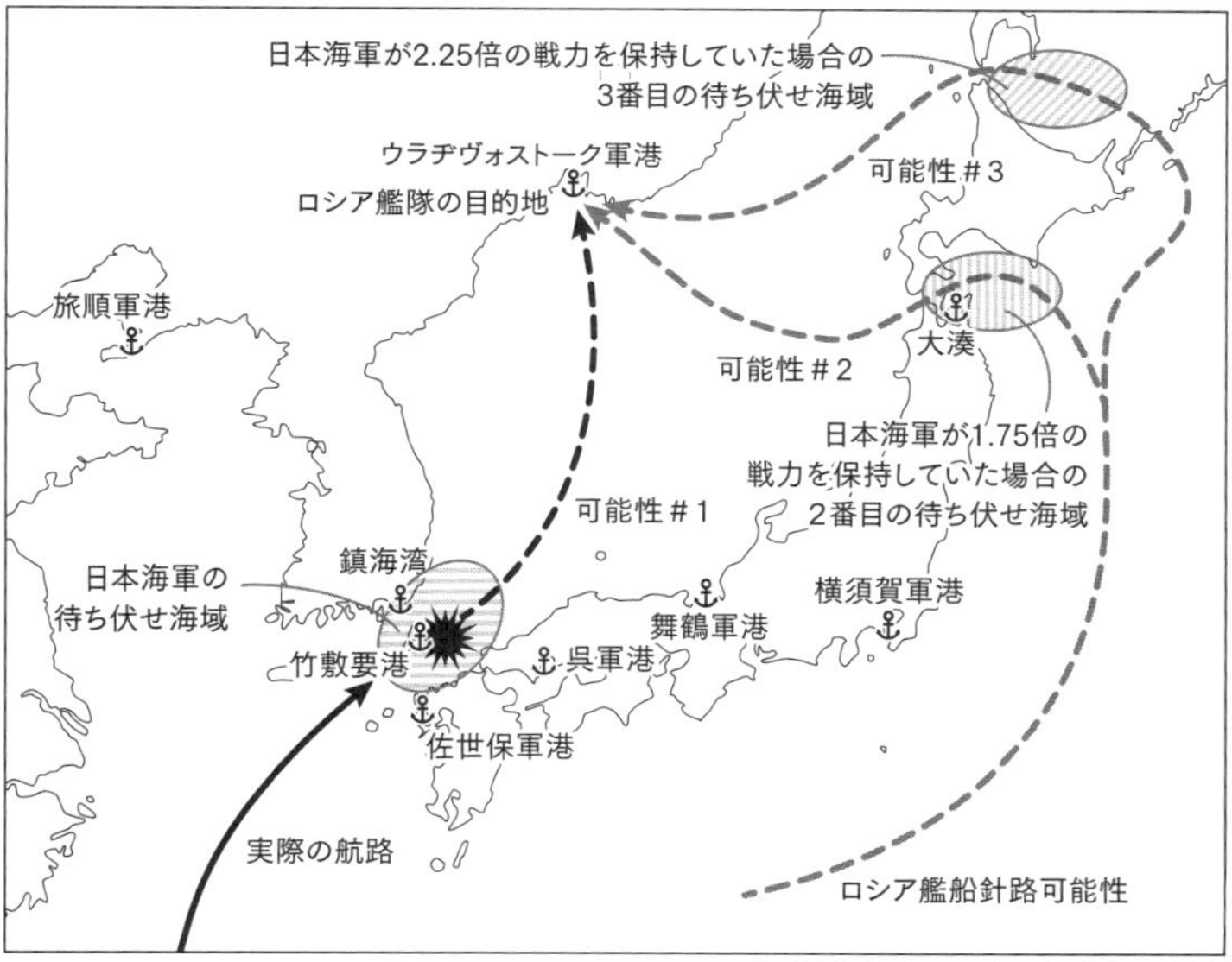

ロシア海軍バルチック艦隊と日本海軍連合艦隊との間の艦隊決戦（対馬沖海戦）は、一九〇五年五月二七日に発生した。約二三時間にわたる断続的な海戦の結果、三八隻で編成されていたバルチック艦隊は三五隻の軍艦を失った。一方、日本海軍が失ったのは水雷艇三隻だけであった。日本海軍連合艦隊はロシア海軍バルチック艦隊を壊滅させ、ロシアの海洋戦力は極東地域から消えた。

日本では、ロシア海軍に対する日本海軍の大勝利に驚喜した。日本海軍は高く賞賛され、ウラヂヴォストーク艦隊による通商破壊戦に際して、すべての日本国民に非難されていた上村中将や東郷司令長官、その他の海軍指導者たちは、国民的英雄となったのである。

二-三-四 「神国・神風」神話の復活

日露戦争後の日本では、日露戦争に際して日本にとって極めて危険であった状況から学び取るべき教訓には真剣に取り組まず、軍人に限らず日本人ならば誰にとっても心地よい日本軍の手柄話ばかりが語り継がれる風潮が浸透してしまった。

たとえば、日露海戦において第二艦隊参謀を務めた佐藤鉄太郎は、日露戦争での〝勝利〟に酔いしれることを戒め、更なるイギリスの伝統的防衛思想に立脚した日本国防態勢の強化を力説し、海軍大臣、山本権兵衛もこの説を実践に移そうと努力した。

しかし「外敵を海上で撃破する」という鉄則が単純に海軍中心主義とみなされ、とりわけ陸軍陣営や大陸進出をもくろむ政治家からは排撃された（そのような状況は一－三－六に記載したとおりである）。

海軍自身にも、日露戦争中の心地よい経験を過大評価する気運が存したため、やがて日露戦争を勝利に導いた基本的戦略の生みの親であったイギリスの伝統的防衛思想は日本の政治指導者はもとより軍事指導者の多くからも消え去ってしまった。

そのような傾向に反比例して力を盛り返してきたのが、古来から多くの日本人が共有してきた伝統的気質ともいえる「萬世一系の天皇が統治する神国である日本を侵そうとする外敵は神風によって壊滅せられる」という「神風神話」「皇国不敗神話」であった。

そして、万が一にも外敵が日本領内に攻め込んできても、かつては勇敢な武士団が撃退したように、精強な日本軍によって撃破することになるとの信仰が「皇国・神風」神話と共に日本社会に流布されていったのである。

二―三―五　決号作戦

日本が第二次世界大戦に参戦した一九四一年一二月当時、かつて日本海軍が推進しようとした海洋国家防衛原則に基づいた国防態勢構築は陸軍側との確執のためほぼ挫折していた。そして、ウラヂヴォストーク艦隊の通商破壊戦などの苦い経験からの教訓には目を背け続けており、ますます「神風神話」「皇国不敗神話」が日本社会に浸透していた。

当初は真珠湾、フィリピン、シンガポール、セイロンなど日本海軍・日本陸軍の快進撃が続いたが、一九四二年六月のミッドウェイ海戦での日本海軍の敗北から潮目が変わり始め、一九四三年から、太平洋戦域では米軍側の攻勢が展開されるようになった。

やがて日本海軍は徐々に艦艇や航空機を失っていった。その結果、太平洋の多数の島嶼に守備隊として取り残された陸兵に対する補給や、東南アジアから日本に向けて運搬される物資を輸送するための海上ルートも、アメリカ海軍の主として潜水艦による通商破壊戦によって圧迫されるようになる。

一九四四年夏には、マリアナ沖海戦で日本海軍が大敗を喫し、航空母艦とその艦載機部隊を中心とした日本海軍航空戦力は壊滅的打撃を被った。サイパン島やグアム島などのマリアナ諸島の島々も、アメリカ軍に占領されてしまった。

反撃を試みた日本海軍は、同年一〇月二三日から二五日にかけて、フィリピン海で米海軍と対決した（レイテ沖海戦）。しかし、日本海軍は壊滅的打撃を受け、日本へ原油を運搬するルートが米海軍により完全に遮断されてしまった。

そのため日本本土の軍港に戦艦大和を始め若干の軍艦が生存していたものの、艦隊として出撃する能力は消失してしまった。すなわち、日本海軍は戦闘部隊としての行動をとれない状態に追い込まれた。その結果、マリアナ諸島やフィリピン周辺海域はアメリカ側の完全なる制海域となり、日本軍の艦艇や航空機の行動の自由は失われた。

2-3-18 第二次世界大戦終末期の日本の制海域

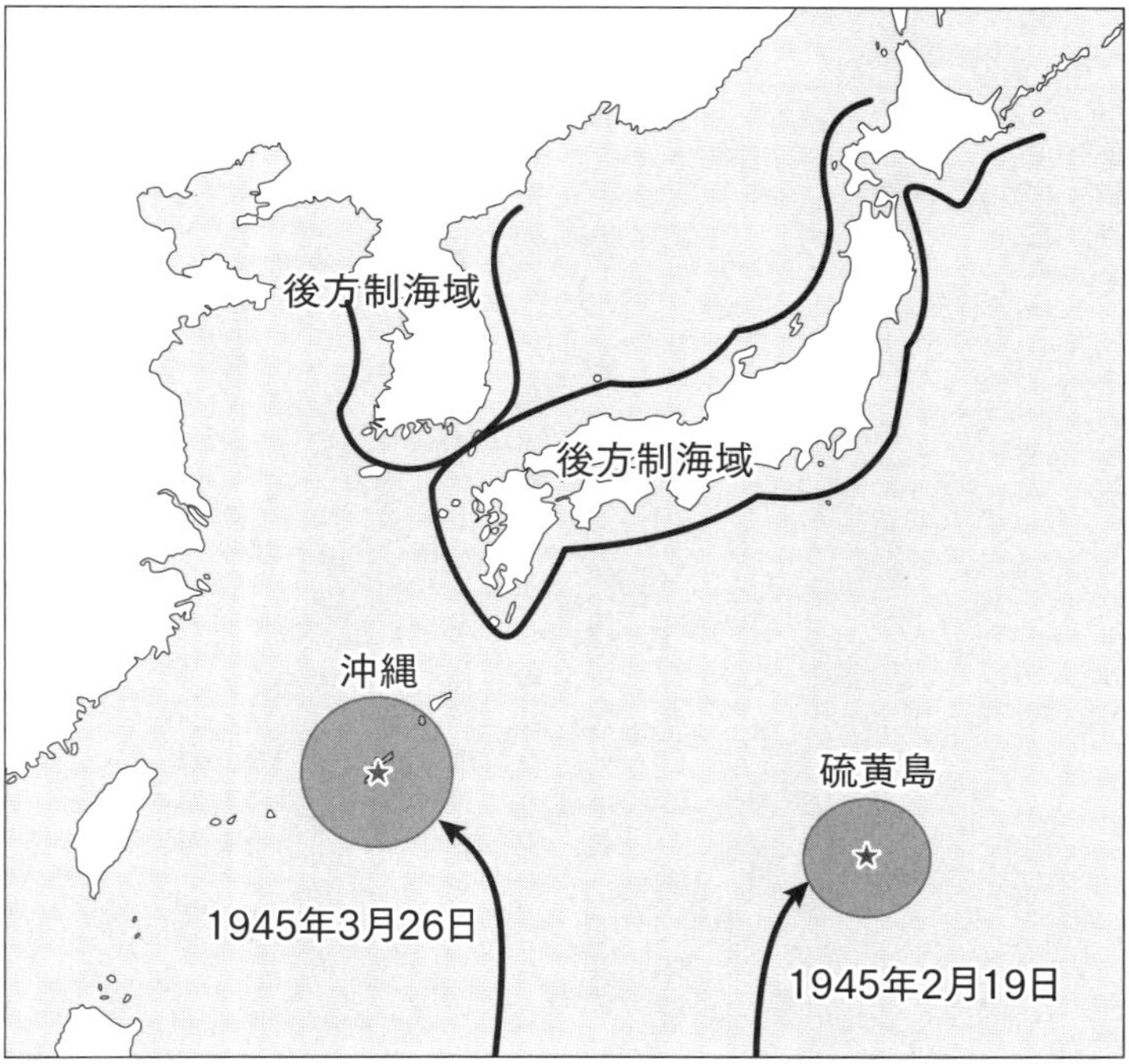

この年の一一月からは、サイパン島、テニアン島、グアム島を基地としたB−29爆撃機による日本本土への爆撃も開始された。翌一九四五年一月に入ると、アメリカ軍はフィリピンのルソン島へ上陸を開始した。

このように敗色が濃厚となった日本において、戦争指導者たちは「本土決戦」と呼ばれた防衛戦略をもって戦局を逆転することに決定した。すなわち、太平洋方面から侵攻してくるアメリカ軍を日本本土に引き込んで撃滅するというものだった。

この方針は「外敵は海洋上で撃破し、それがかなわなかった時は防衛戦は失敗したと考えねばならない」という海洋国家防衛戦略の対極にあるもので、まさに「神国・神風」に代表される日本の伝統的気質に根ざしたものであった。

大本営の作戦計画によると、日本の領土を本土（本州、九州、四国、北海道、朝鮮半島）と周縁部（千島列島、小笠原諸島、沖縄諸島、台湾）に分類し、周縁部では本土に迫る敵に対してできるだけ出血を強いる抵抗を敢行し、日本沿海に敵を引きつけた後に、海軍が残存艦艇と航空機で敵を撃滅するというものだった（天号作戦）。

天号作戦を実施している間、敵侵攻軍を日本本土で迎え撃ち撃滅する（決号作戦）ための準備を整えることになった。決号作戦遂行のために陸軍は本土の軍管区を再編成して、決戦地域を指定した。また「義勇兵役法」を制定して、一五歳から六〇歳の男子と一七歳から四〇歳までの女子を動員できるようにし、「軍事特別措置法」によって、行政諸機関や民間施設の軍事利用を促進した。

【決号作戦軍管区】

決一号決戦区担当：北部軍管区（北海道）

2-3-19 アメリカの日本本土侵攻作戦図（巻末「図版リスト」補註参照）

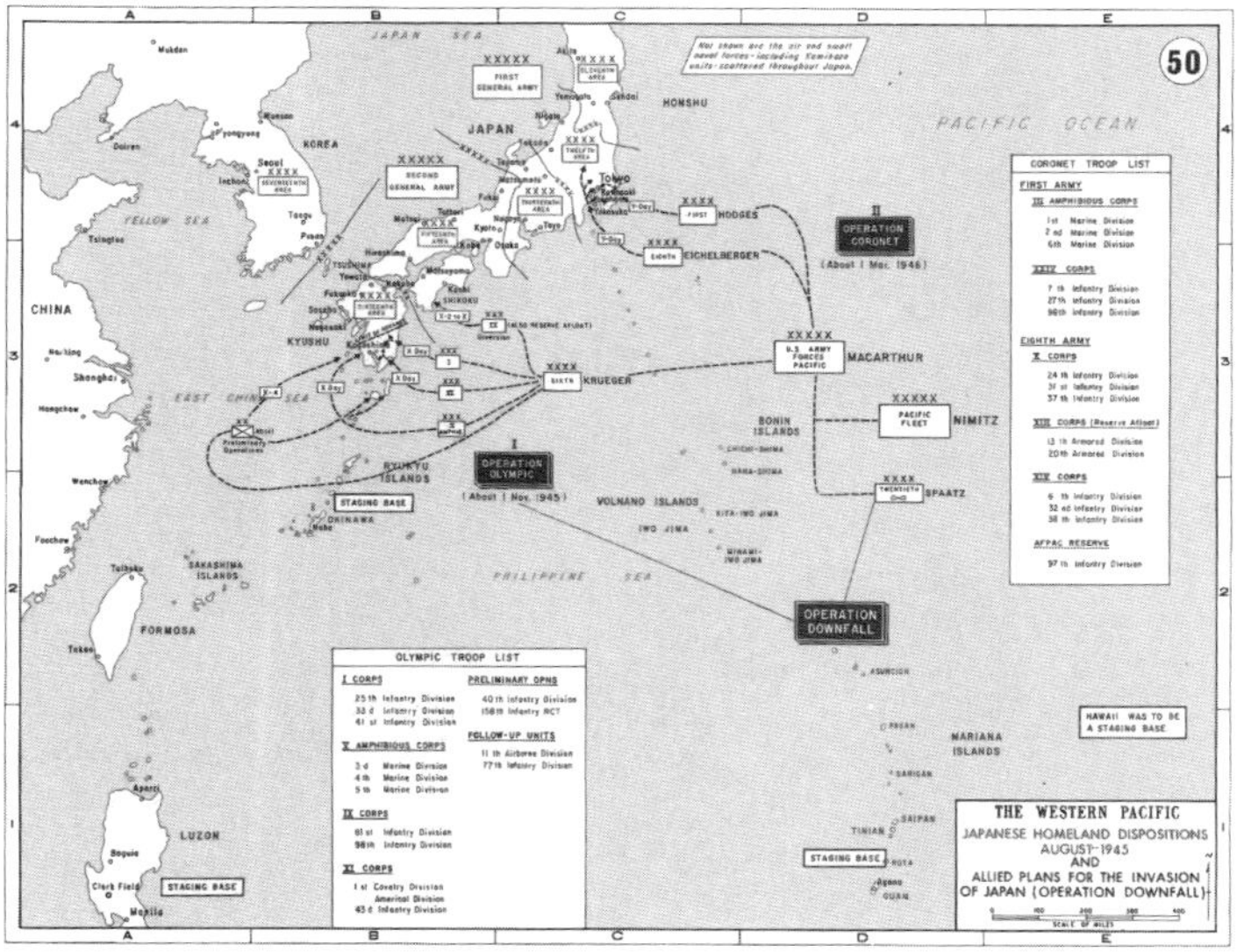

決二号決戦区担当：東北軍管区
（青森県・岩手県・宮城県・秋田県・山形県・福島県）
決三号決戦区担当：東部軍管区
（関東地方・山梨県・長野県・新潟県）
決四号決戦区担当：東海軍管区
（愛知県・静岡県・岐阜県・三重県・石川県・富山県）
決五号決戦区担当：中部軍管区
（関西地方・中国地方・四国）
決六号決戦区担当：西部軍管区
（九州）
決七号決戦区担当：朝鮮軍管区
（朝鮮半島）

2-3-20 オリンピック作戦図（巻末「図版リスト」補註参照）

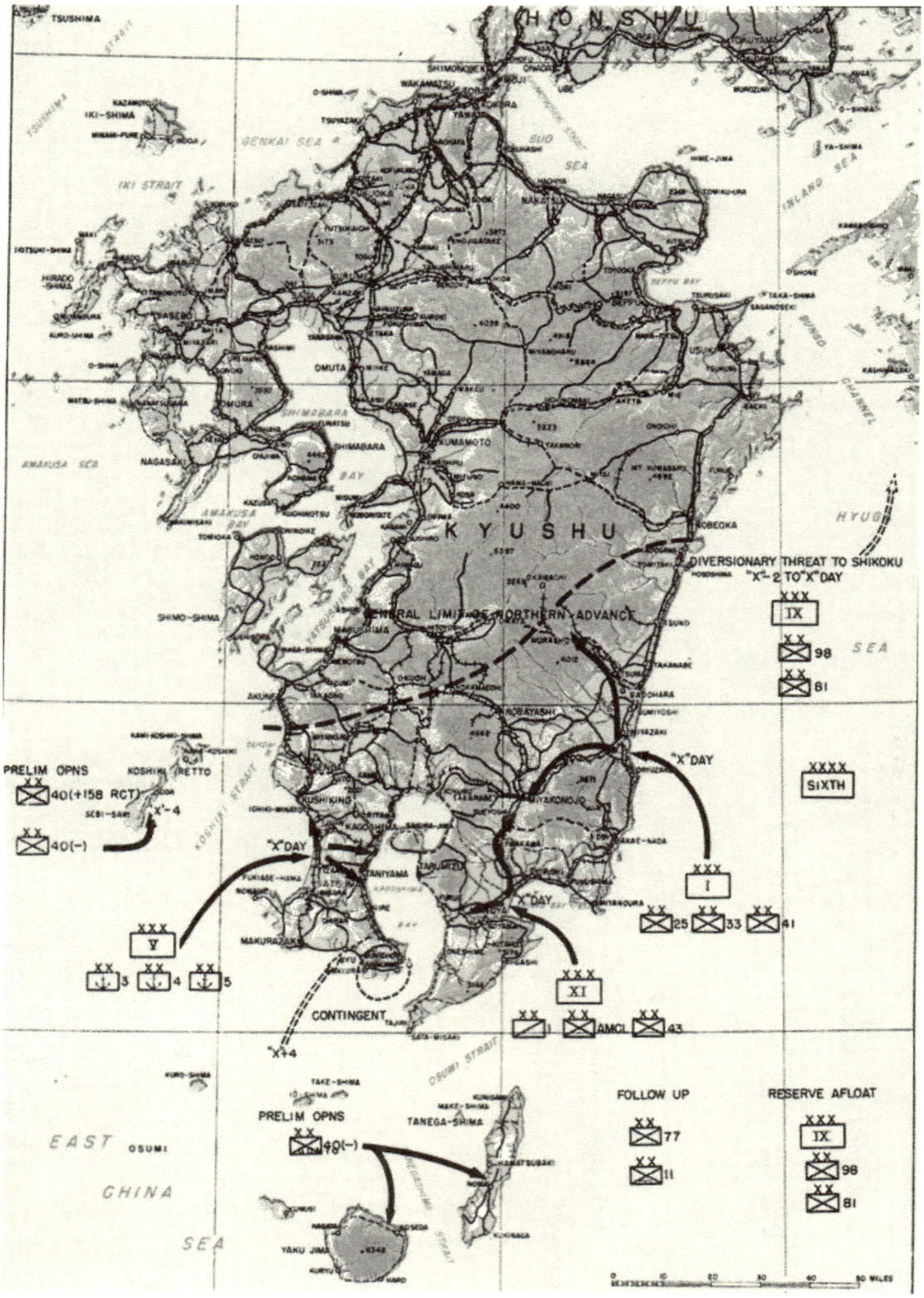

2−3−21 コロネット作戦図（巻末「図版リスト」補註参照）

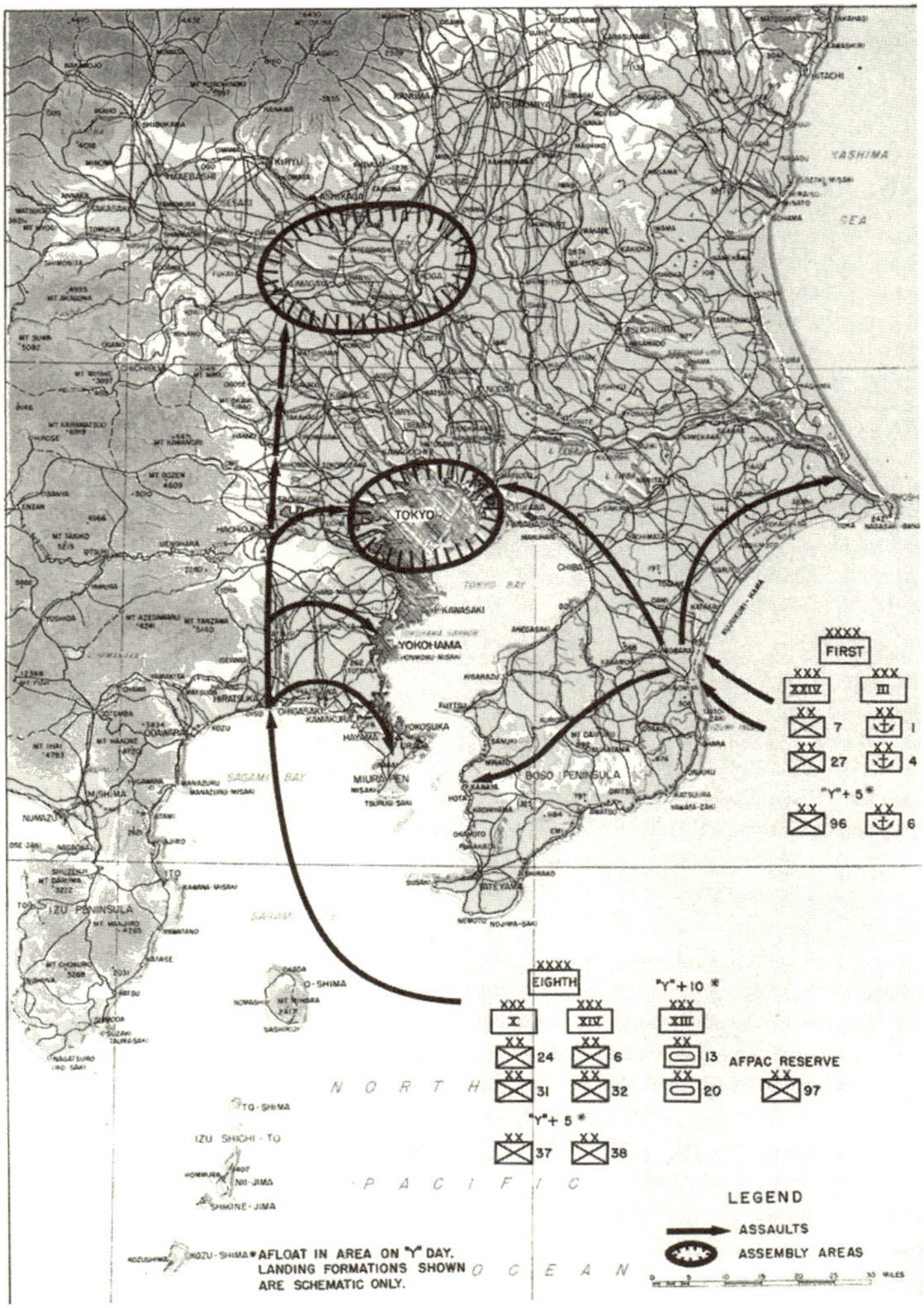

2-3-22 沖縄上陸作戦図（巻末「図版リスト」補註参照）

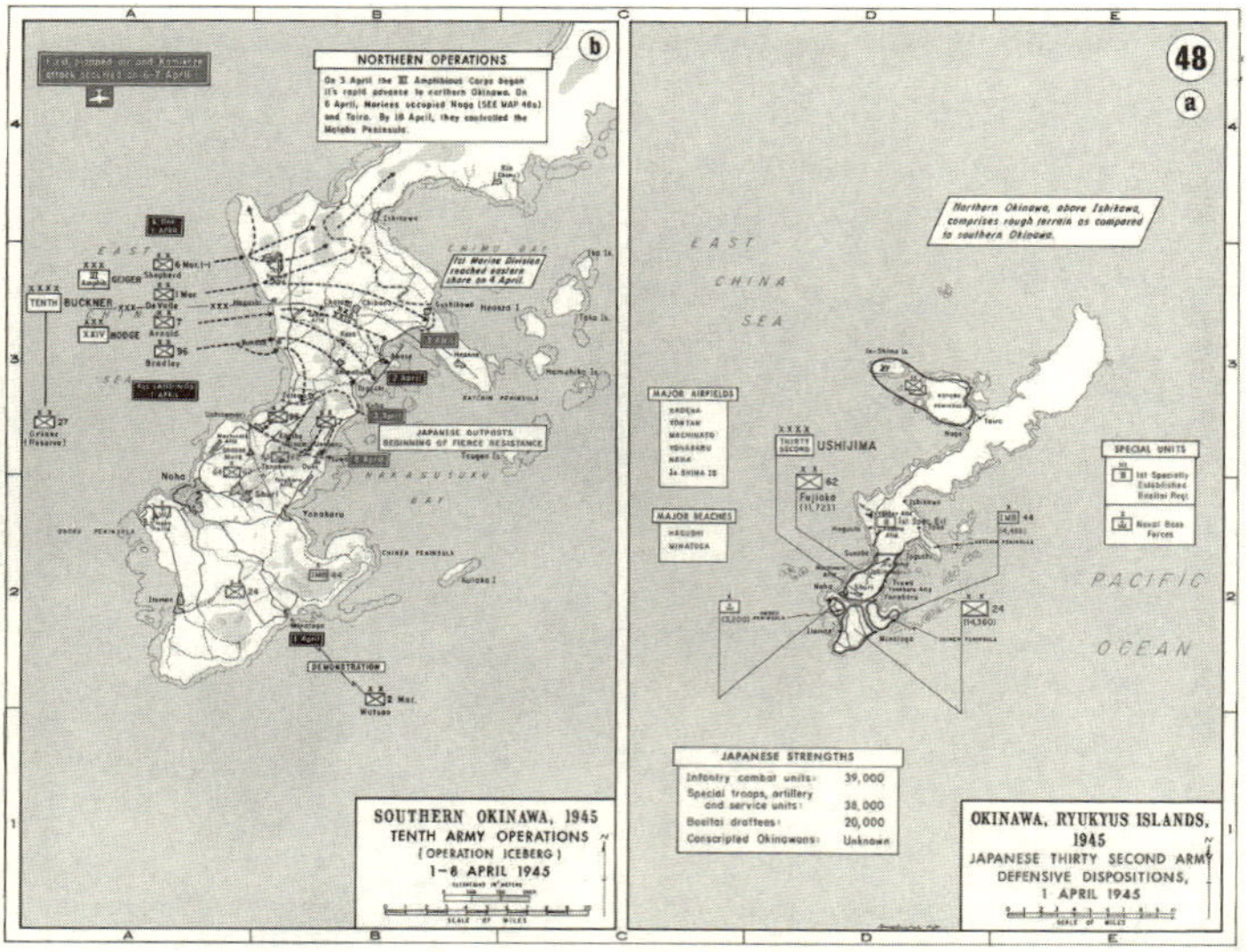

結局、日本領土内でアメリカ軍と日本軍が陸上戦闘を交えたのは、周縁部とされた硫黄島と沖縄諸島に留まり、いわゆる本土での決戦はなかった。しかし、周辺海域は全てアメリカ軍の制海域となっていた硫黄島における本土決戦のミニチュア版としての激闘では、艦艇も航空機も有さない日本守備隊が上陸してきたアメリカ海兵隊に極めて大きな出血を強いたものの、日本軍守備隊はほぼ全滅した。

幸いにも硫黄島の住民は島から退去させられていたため助かったが、沖縄の場合は様相が異なった。

本土決戦の前哨戦であった沖縄で

2-3-23 米軍が広島を原爆攻撃する際に用いた原爆投下用マップ（巻末「図版リスト」補註参照）

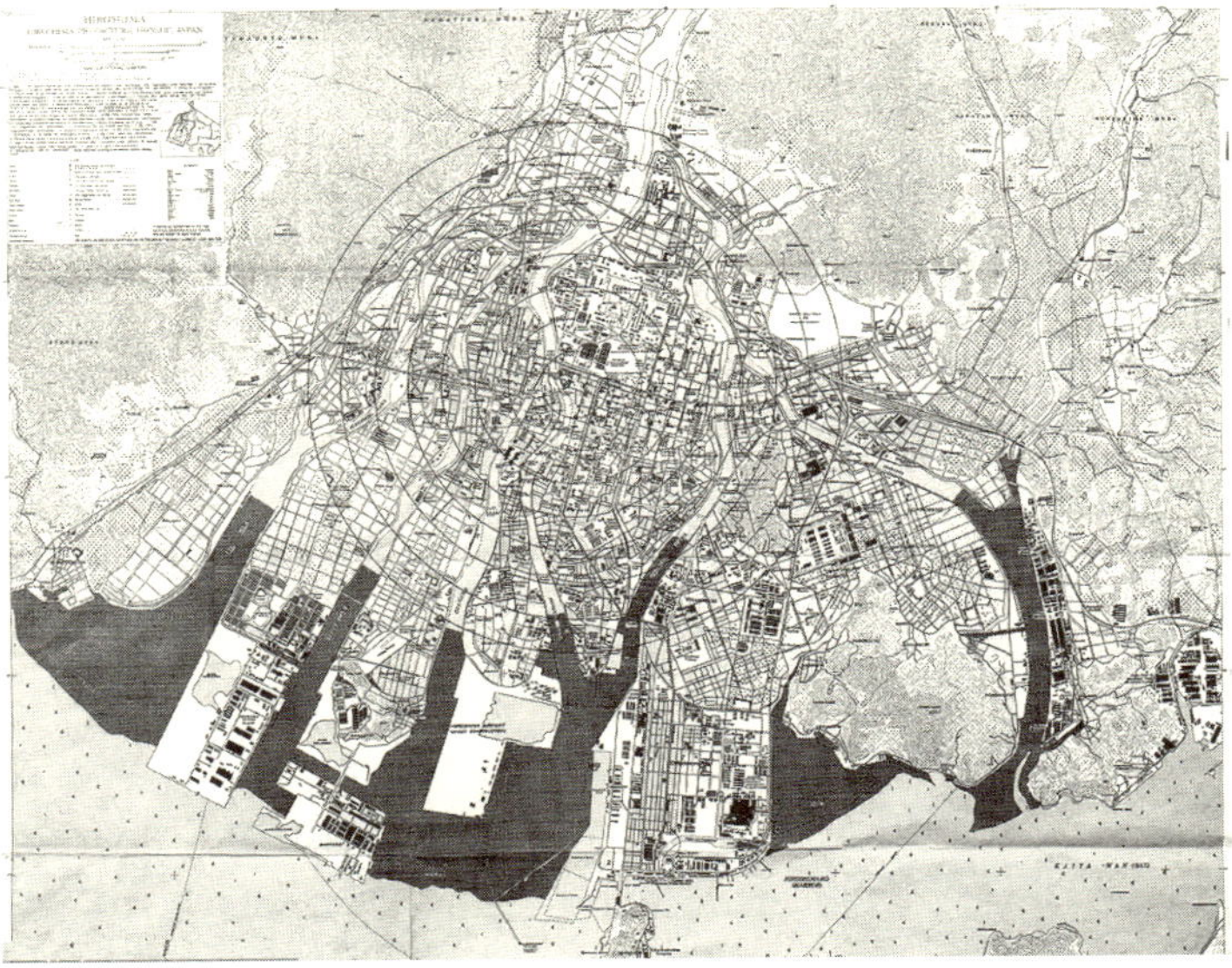

は、アメリカ軍上陸部隊と日本軍の間で、太平洋戦争を通して最大の陸上砲撃戦が展開された。まさに〝鉄の雨〟が沖縄に降り注いだのだ。日本軍は一日でも長くアメリカ軍を沖縄に釘づけにするため、現在でも米軍がその戦術と敢闘を讃えるほどの徹底抗戦を展開した。

　しかし、周囲を米海軍とイギリス海軍の無数の艦艇と航空機により取り囲まれた孤立無援の沖縄島に立てこもった守備軍の運命は時間の問題であった。日本軍は全滅を前提として抵抗するのが任務だったが、沖縄には多数の住民がいたため、戦火の巻き添えになってしまった。

こうした日本軍の抵抗を前に、アメリカ軍の内部では、対日戦の方針を巡って海軍と陸軍に意見の違いもあった。

海洋国家防衛原則を当然のことと考えていたアメリカ海軍は「全ての海域が連合軍側の制海域となり、海上補給ルートが完全に絶たれた日本は、本土決戦に移る前に降伏するだろう」と考えた。しかし、「皇国不敗神話」に凝り固まった狂信的な日本陸軍の実情を危惧していたアメリカ陸軍は「本土決戦は避けられない」と判断した。

結局、陸軍の意見が通り、米軍は本土決戦前に一挙に日本に降伏を迫るため、原爆攻撃が実行されることになり二〇万以上の非戦闘員が虐殺されたのであった。

二一三一六　教訓を直視しない伝統的気質

早くも日露戦争後から、観戦武官の報告などをもとに海洋国家であるイギリス海軍やアメリカ海軍では日露海戦に関する詳細な研究分析が行われた。そしてウラヂヴォストーク巡洋艦隊の通商破壊戦からも、海洋国家にとっては極めて貴重な教訓を引き出す教科書的事例の一つであるとして、今日においても英米海軍戦略家にとっては興味深い戦例として関心が持たれている。ちなみに観戦武官というのは、ヨーロッパ諸国間の戦争に際して第三国から戦争当事国に軍人を派遣して戦況を観察し様々な情報や教訓を本国に持ち帰る制度であり、第一次世界大戦まで続いた。

日露戦争に際しては、日露両軍に対して多数の観戦武官が派遣され、日本側には十三ヶ国から観戦武官が派遣された。同盟国イギリスから日本へは三三名もの将校が派遣され、イギリス海軍もイギリス陸軍も日露戦争の教訓をその後の軍艦建造や戦術構築などに役立てている。アメリカから派遣された観戦武官の中には、後に日本占領軍最高司令官となるダグラス・マッカーサー陸軍少将（日露戦争当時）も加わっていた。

ウラヂヴォストーク艦隊の戦例から英米海軍が強く認識したのが、近代戦でも通商破壊戦が大いに威力を発揮する事実であった。日本海軍は旅順沖でロシア艦隊本隊を封鎖しつつ九州と朝鮮半島の間の補給航路帯を確保しなければならなかったために、ウラヂヴォストーク艦隊対策には多くの戦力を割くことができなかった。とはいっても、わずか三隻の巡洋艦による日本海沿岸域から太平洋沿岸域にかけての通商破壊戦で、日本の海運は麻痺してしまった。

ロシア太平洋艦隊本隊は旅順に引きこもっていたため、通商破壊戦に従事できたのはウラヂヴォストークを本拠地にしていた巡洋艦と水雷艇というごくわずかな戦力であった。そのため、九州と朝鮮半島を結ぶ日本陸軍の補給帯を脅かすことまではできなかったが、短い期間ではあったとはいえ日本本土を恐怖のどん底に突き落とすことには成功した。

敵の手薄な隙間、あるいは敵の弱体な部分に対して攻撃を加える通商破壊戦を実施することにより、実施する側は自らの損失をほとんど予期する必要はなく、敵に対して甚大な経済的損失と深刻な精神的損害をもたらすことが可能になる。

そのため、第一次世界大戦ならびに第二次世界大戦では、日露戦争に観戦武官を送り込み通商破壊戦の威力を実感したドイツ、イギリス、アメリカなどが、通商破壊戦を多用した。皮肉なことに、第二次世界大戦後半におけるアメリカ海軍による対日通商破壊戦は徹底しており戦争終結時には日本周辺の海上交通はほとんど麻痺状態に陥っていたのである。

日本海軍にとっても日本国民にとってもまさに悪夢以外の何物でもなかったウラヂヴォストーク艦隊による通商破壊戦の不愉快な経験は、蔚山沖海戦でのウラヂヴォストーク艦隊撃滅、黄海海戦での勝利、そして何よりも世界海戦史上稀に見る完全勝利といわれた対馬沖海戦での大勝利などの心地よい経験で、日本国民の記憶から消し去られてしまった。

軍部や政府をも含めて日本人の大半にとっては、日本海軍の大成功だけが記憶に残され、不愉快な苦い経験から教訓を引き出すことはなかった。もっとも、神国日本不敗神話のた

2-3-24 第二次世界大戦中の日本輸送船団の損害

（日本商船隊）	年初保有（トン）	建造（トン）	喪失（トン）	年末保有（トン）	保有増減（トン）	生存比率
1941年12月	6,384,000	44,200	51,600	6,376,600	-7,400	99%
1942年	6,376,600	661,800	1,095,800	5,942,600	-434,000	93%
1943年	5,942,600	1,067,100	2,065,700	4,494,400	-998,600	77%
1944年	4,494,400	1,735,100	4,115,100	2,564,000	-2,380,000	40%
1945年8月迄	2,564,000	465,000	1,562,100	1,466,900	-1,097,100	23%
トータル		3,973,200	8,890,300		-4,917,100	

めに、手痛い敗北から教訓など学ばなくとも、結局は「神風」が吹いて日本は安泰なのだ、という伝統的気質が、ここでも一役買っていると考えられなくもない。

その結果が、三五年後の日米決戦での明暗を分けた一因ともいえよう。第二次世界大戦においてアメリカ海軍による通商破壊戦への備えを怠り、あまりにも甚大な被害に慌てて通商破壊戦への対抗策を講じ始めた時はすでに手遅れであった。太平洋各地や東南アジア、南アジアの広大な地域に散らばって戦っていた日本軍将兵への補給は絶たれ、日本周辺海域も潜水艦や機雷によって封鎖される状態に陥り、「神風」が吹くどころか「神風」特別攻撃隊を投入する事態にまで陥り日本海軍は全滅。広島と長崎に原爆攻撃まで受けてしまったのであった。

おわりに

本書で用いた海洋地政学的な考え方に従うと、現在の日本は海洋国家とは分類され得ないことになる。

なぜならば、海洋国家としての三要件を満たしていないからだ。島嶼国であり長大な海岸線を有する日本には多数の良港が存在しているため海洋国家としてのスタートラインに立つための地理的与件はクリアしており、海上交易力は発達、それを支える高度な技術力も保持しており、現存している国際海洋法秩序を積極的に擁護しようとしている。しかし、海洋国家たる要件のうち最も重要な「**国防システムが海洋軍事力に重点を置いて構築されている**」という条件を欠いているのである。

日本は比較的高い海上交易力を有している。ただし、その海上交易を支えるマンパワーが外国の人材に大きく依存している状況になっているため、現時点で改善策を打ち出すことが急務である。

また、海上交易ならびに海洋戦力に供する技術力も比較的高い水準を保持している。ただし、現在の軍艦はもとより民間船舶もＩＴやＡＩを活用した最先端技術の固まりになりつつあるため、ＩＴやＡＩ分野では国際水準から後れを取っている日本としては、技術レベルの維持向上にも改善策が求められている。

海洋軍事力に関しては、とりわけ本書で触れた「国防思想における伝統的気質」が海洋軍事力を国防の根幹に据えるという発想を妨げ、海洋国家化を阻んでいるものと思われる。

実際に、海洋軍事力中心といった発想は、単純に海上自衛隊中心と誤解あるいは曲解されて、戦史を無視した本土決戦思想に凝り固まった陸上自衛隊重視陣営から猛反発を受けるという、一世紀も経た日露戦争後の状況から一歩も進化していないという情けない状況が、現代日本の国防思想界なのだ。

アメリカ海軍の東アジアそして現在は東アジアから南アジアにかけての作戦行動を補完するために、海上自衛隊の主要装備はアメリカからの技術供与（たとえば、イージス戦闘システム）や装備調達（たとえば、Ｐ－３対潜哨戒機やスタンダード防空ミサイル）が進められ（場合によっては押しつけられ）た。また航空自衛隊も、かつては最強と呼ばれたＦ－15戦闘機を二〇〇機ほどアメリカから調達し、日本自身も（アメリカ政府の横槍によりアメリカ企業も共同開発に参加したものの）とりわけ海洋での戦闘に秀でているＦ－２戦闘機を開発し、わずか九〇機ほどながらも調達した。

これらの結果、一九九〇年代から二〇一〇年頃までにかけては、日本の海洋戦力はまちがいなくアジア最強の地位を保っていた。しかしながら、一九九〇年代後半から海洋国家化を目指す中国が、共産党独裁国家の強みを発揮して、海洋軍事力の急速な強化に邁進し始めた。

まずは海洋軍事力の根幹をなす国防戦略の抜本的改革をなし、海洋軍事力中心に国防システムを再構築する方向性を打ち出した。そして、その戦略推進に必要な海洋戦力の構築を、各種技術力のレベルアップを図りながら推し進めたのである。

人民解放軍を海洋戦力中心の軍隊に変化させるために、確認されているだけでも五〇万名以上（一〇〇万名程度ともいわれているが）の陸軍将兵が削減された。このような改革はまさに共産党独裁国家ならではの大改革である。その反対に、海洋戦力とりわけ潜水艦戦力、水上戦闘艦戦力、戦闘機・攻撃機・爆撃機などの航空戦力（空軍と海軍航空隊）、そして対艦弾道ミサイルや対艦巡航ミサイルそれに極超音速対艦グライダーなどを含む対艦ミサイル戦力には、莫大な資金と多種多様な人材がつぎ込まれ、急速な戦力強化が図られた。

中国海洋戦力の進展は、アメリカ海軍情報局をはじめとするアメリカ軍当局やＮＡＴＯの情報分析の予測推定を常に上回る勢いであり、二〇一〇年頃には、日本の海洋戦力を脅かすに至った。そして二〇二〇年には、アメリカ国防当局が、アメリカ海軍戦力は多くの分野で中国海軍戦力に追いつかれ、ミサイル戦力などでは中国が優勢となってしまったことを公式に認めている。

これまで半世紀以上にわたって世界最強を誇ってきたアメリカ海軍でさえ、中国に追いつかれ追い抜かれつつある状況なのである。日本の海洋戦力（海上自衛隊＋航空自衛隊＋地対艦ミサイル連隊や水陸機動団それに特殊作戦群など陸上自衛隊のごく一部の戦力）はすでに中国海洋戦力に完全に後塵を拝してしまっていることを日本政府そして日本国民は認識しなければならない。

そして戦力レベルの停滞以上に、日本の海洋軍事力の現状にとって深刻な問題なのは、日本の国防戦略が「海洋国家防衛原則」を顧みていないという状況である。これでは「国防システムが海洋軍事力に重点を置いて構築されている」という海洋国家の要件を満たすことなど不可能である。

しかし、本書の中心論点として詳述したように、それぞれの国における国防戦略はそれぞれの国の国防思想における伝統的気質に大きく規定されざるを得ない。

そして日本では、このような伝統的気質には「他国は基本的には敵」という意識が欠落しており、「神国日本は神風が護ってくれる」という楽観的意識がすり込まれているため、

「外敵は一歩たりとも上陸させない」といった海洋国家防衛の原則などは、奇異なものとして排斥したがる国防DNAすら根付いているのである。そのため、海洋国家として自立するのに必要な国防戦略を打ち出し、海洋軍事力を強化するのは至難の業と言わざるを得ない。

日本と対照的なのは現在の中国である。かつて（結果的には失敗に終わったとはいえ）文化大革命まで実施した共産党独裁国家である中国においては、現在そして将来の政策や戦略を縛り付けてしまうような伝統的な思想はアヘンのようなものであるとみなされる。したがって国防思想における伝統的気質も容易に封じ込めることができ、海洋軍事力中心の国防戦略を策定し推し進めることが可能なのだ。共産党首脳陣が海洋国家建設に優先権を与えたならば、必要十分以上の諸資源を海洋軍事力と海上交易力に振り向けることができるのである。

ところが、一つの政党が独裁する国家でもなければ、極めて有能な官僚が主導する国家でもない現在の日本では、とても国防戦略を海洋軍事力を中心とした戦略に転換することを短年月のうちに達成することは困難である。

さらに悪いことには、過去半世紀にもわたって国防分野ではアメリカの言いなりになりつつ、かつ「万が一の際にはアメリカがなんとかしてくれる」と、アメリカに病理的に頼ろうとしてきたため、日本には自主防衛能力が欠落してしまっており、そもそも明確な国防戦略と言っても「日米同盟を強化する（すなわち、いざという時にはアメリカに助けてもらう）」といった程度のレベルのものしか存在しない。

このような状態でも、日本政府も国会も、日本国民も平然として暮らしていられるのは、上記のように日本人の伝統的気質には危機を感じない特質があるからかもしれない。とはいえ、日本が島嶼国であるという地形要件が変化することはあり得ないし、国民経済の安定を維持するには海上交易を続けなければならないことも自明の理である。

とするならば、何としてでも海洋軍事力を必要レベルまで引き上げて、名実ともに海洋国家として自立していかなければ、万が一にもアメリカの都合により見捨てられた場合には、その瞬間に国際的に惨めな状態に転落することは必至である。そのために必要不可欠なのは、伝統的気質とは相容れない「海洋国家防衛原則」を受け入れて、本書で垣間見た海洋国家防衛戦略の基本的枠組みを構築する努力を開始しなければならない。

自らの民族的気質となじまない海洋軍事力を根幹に据えた国防システムを建設するには多大な苦痛が伴う。しかし、江戸時代末期にアメリカをはじめ西洋強国の軍艦の脅威に驚いた武士たちは海軍建設の口火を切り、それを引き継いだ明治政府は海洋軍事力の建設に努力を傾注した。

3−1 海洋国家日本の制海三域

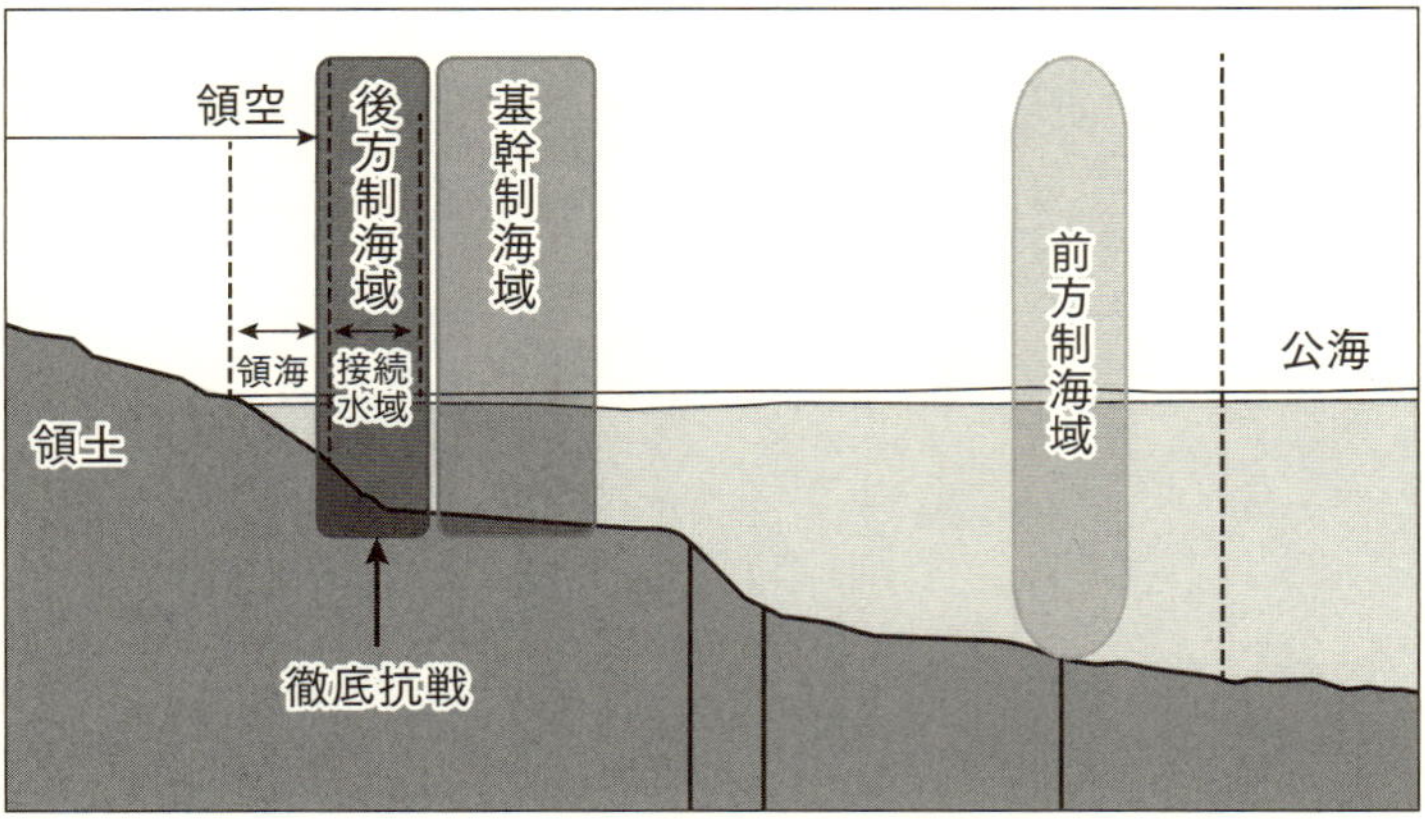

その結果、清国、そしてロシアとの度重なる海戦に打ち勝つことができ、新興弱小国日本は独立を維持できた。しかしその後、再び伝統的気質に立脚した陣営が勢力を盛り返し、海洋戦力は必要なレベルを維持することができない状態に陥り、最終的にはアメリカ海軍により壊滅されてしまった。そして、現在に至るまで、海洋国家アメリカに軍事的に隷属する国家の地位に甘んじている状況が続いているのだ。

伝統的気質と相容れない以上、海洋軍事力を中心に据えた防衛システムへの変革を試みようとすると、現在の権益を維持して戦々恐々としている人々や難事業などやる気のない人々は「どうせできはしない」と取りかかる前から反対するのは目に見えている。それも伝統的気質に含まれているのだ。

しかし、そのような障害を踏みつぶして乗り越えることによって海洋国家化を図らなければ、日本はいつまでも海洋国家アメリカに隷従し続けることになる——あるいは海洋国家中国に隷従することになるかもしれない。いずれにせよ、国際社会で卑屈な国家として生きながらえるしかなくなるのである。

かつて幕末から明治期にかけて日本を海洋国家たらんとするべく、伝統的気質とは相容れないことを百も承知の上で、海洋軍事力の強化を図り日本の独立を守り抜いた前例を、今こそ思い起こさなければならない。

図版リスト

〈2－3－9 金州丸事件〉
〈2－3－10 対馬海峡事件01〉
〈2－3－11 対馬海峡事件02〉
〈2－3－12 対馬海峡事件03〉
〈2－3－13 元山事件〉
〈2－3－14 太平洋沿岸域襲撃01〉
〈2－3－15 太平洋沿岸域襲撃02〉
〈2－3－16 太平洋沿岸域襲撃03〉
〈2－3－17 対馬沖海戦〉
〈2－3－18 第二次世界大戦終末期の日本の制海域〉

〈2－3－19 アメリカの日本本土侵攻作戦図 米国防総省〉
補註: 日本周辺の海洋での軍事的優勢はほぼ完全にアメリカ側が握っていたため、海洋における日本側の効果的抵抗は不可能と判断した米軍側は、1945年11月頃には九州南部を占領して前進展開拠点を確保する「オリンピック作戦」を実施し、1946年5月頃には、直接首都圏に上陸侵攻してとどめを刺す「コロネット作戦」を実施することにした。これら一連の日本占領作戦は「ダウンフォール作戦」と名付けられた。裏を返せば、もし日本軍の本土決戦が現実のものとなった場合には、このような形で戦闘が展開することになったのである。

〈2－3－20 オリンピック作戦図 米国防総省〉
補註: 九州南部を占領して、本土各地の軍事目標ならびに戦略目標に対する爆撃を強化するための航空基地ならびに兵站基地を建設する。

〈2－3－21 コロネット作戦図 米国防総省〉
補註: 首都を占領し天皇制を崩壊させるまで降伏しないと判断した米軍は、日本各地の軍事目標と戦略目標を破壊し尽くして、最後のとどめを刺すために相模湾と九十九里浜に大規模部隊を上陸させて首都と首都圏を制圧する。

〈2－3－22 沖縄上陸作戦図 米国防総省〉
補註: 沖縄周辺の海洋での軍事的優勢は完全にアメリカ側が握っており、日本側の海洋上での抵抗は特攻攻撃だけであった。そのため、沖縄上陸占領作戦は、上陸するまでは予定どおりに進められたが、上陸後は日本軍による沖縄で一日でも米軍を引き留めるための玉砕戦に予想以上に苦戦を強いられることになった。

〈2－3－23 米軍が広島を原爆攻撃する際に用いた原爆投下用マップ 米国防総省〉
補註: 日本上空の航空優勢はほぼ完全にアメリカ側が握っていたため、アメリカ軍爆撃隊にとっての障害は天候だけであり、ほぼ自由に攻撃目標上空に達して予定どおりに原爆攻撃を実施することとなった。

〈2－3－24 第二次世界大戦中の日本輸送船団の損害 米海軍資料を基に作成〉

【おわりに】
〈3－1 海洋国家日本の制海三域〉

著者プロフィール

北村 淳（きたむら じゅん）

1958年東京都生まれ。東京学芸大学卒業。警視庁公安部勤務後、1989年に渡米。戦争発生メカニズムの研究によってブリティッシュ・コロンビア大学で博士号（政治社会学）を取得。専攻は軍事社会学・海軍戦略論・国家論。海軍の調査・分析など米国で戦略コンサルタントを務める。著書に『巡航ミサイル1000億円で中国も北朝鮮も怖くない』、『トランプと自衛隊の対中軍事戦略』（ともに講談社）、共著に『アメリカ海兵隊のドクトリン』（芙蓉書房出版）、『尖閣諸島が本当に危ない！』（宝島社）などがある。現在、米ハワイ州在住。

編集／小林大作　中尾緑子

米軍幹部が学ぶ最強の地政学

2021年5月27日　第1刷発行

著　者　　北村 淳
発行人　　蓮見清一
発行所　　株式会社宝島社
〒102-8388
東京都千代田区一番町25番地
電話　営業　03-3234-4621
編集　03-3239-0927
https://tkj.jp
印刷・製本　サンケイ総合印刷株式会社

ISBN978-4-299-01573-0